KB112486

數悧 數理
어쩌다 수리 수리
분수 개념 편

노현호

진주교육대학교를 졸업하고 공주교육대학교 교육대학원(수학교육 전공)을 마쳤으며, 현재 학교 현장에서 아이들을 가르치는 22년 차 교사입니다. ICT활용교육 National Leader, 2007 실험용 교과서(수학) 분석위원, 2015 개정 교육과정 교과서(수학) 심의위원, 검정 교과서(수학) 집필 등의 꾸준한 활동을 통해 아이들이 수학의 본질을 자연스럽게 이해하고 수학공부에 즐겁게 참여할 수 있는 방법을 고민하고 있습니다. 이러한 고민의 결과로 체계적인 수학 이론을 토대로 철저히 아이들의 수준과 사고 과정을 반영하고 풍부한 수학적 맥락을 가진 활동들로 학습 경로를 구성한 '어쩌다 수리(數悧) 수리(數理)' 시리즈를 출간하게 되었습니다.

이메일_ drum9294@hanmail.net

어쩌다 수리(數悧) 수리(數理) 분수 개념 편

발행일 2020년 6월 12일

지은이 노현호
펴낸이 손형국
펴낸곳 (주)북랩
편집인 선일영
편집 강대건, 최예은, 최승헌, 김경무, 이예지
디자인 이현수, 한수희, 김민하, 김윤주, 허지혜
제작 박기성, 황동현, 구성우, 장홍석
마케팅 김회란, 박진관, 장은별
출판등록 2004. 12. 1(제2012-000051호)
주소 서울특별시 금천구 가산디지털 1로 168, 우림라이온스밸리 B동 B113~114호, C동 B101호
홈페이지 www.book.co.kr
전화번호 (02)2026-5777
팩스 (02)2026-5747

ISBN 979-11-6539-183-6 64410 (종이책)
979-11-6539-184-3 65410 (전자책)
979-11-6539-185-0 64410 (세트)

자연수의 세계를 벗어나
분수의 세계로

어쩌다 수리수리

數悧數理

분수 개념 편

20단계
4주 완성

노현호 지음

북랩 book Lab

분수의 세계로 온 친구들에게

분수의 세계로 온 여러분을 환영합니다!

지금부터 여러분은 자연수(1, 2, 3, 4, 5……)의 세계를 벗어나 분수의 세계를 경험하게 됩니다. 가끔은 자연수와 분수가 다른 점이 많아 자연수에서 배운 내용들이 분수를 이해할 때 방해가 되기도 해요. 하지만 '어쩌다 수리(數悧) 수리(數理)'를 만났으니 너무 걱정하지 마세요.

'어쩌다 수리 수리'가 무슨 뜻일까요? '수리 수리'는 수(數)를 잘 이해(悧)하고 수(數)를 잘 다룬다(理)는 뜻입니다. '어쩌다 수리 수리'에 있는 활동들을 차례로 해결하다 보면 자연스럽게 분수를 잘 이해하고 분수를 잘 다루게 되는 것을 의미하겠지요?

'어쩌다 수리 수리'와 함께 하는 동안 한 가지만 꼭 기억해 주세요. 활동 중간에 있는 '질문 콕!'에 대한 답을 깊게 생각하는 것입니다. 활동을 차례로 해결하는 것도 중요하지만, '질문 콕!'에 대한 답을 깊게 생각하고 해결하는 것이 매우 중요합니다. 그렇게 한다면 '어쩌다 수리 수리'가 될 것입니다(* '질문 콕'은 가 표시되어 있어요).

자, 이제 분수의 세계로 들어가 볼까요?

학부모님께

2015년 시민단체 '사교육 걱정 없는 세상'이 전국 초등학교 6학년 학생을 대상으로 한 설문조사에서 수포자 비율이 36.5%로 나타났습니다. 또한 한국교육과정평가원에서 2017년부터 초·중등학생 학습부진아 50명을 대상으로 4년에 걸친 추적 연구 중 2년 동안의 결과를 중간 발표하였는데 학습부진아 50명 중 48명이 초등학교 3학년 분수 단원에서 학습 부진을 처음 경험한 것으로 조사되었습니다.

이처럼 왜 아이들은 분수를 어려워할까요? 아이들은 자신의 실제적 경험을 통해 수학적 개념을 형성하고 이렇게 형성된 수학적 개념은 학교에서 배우는 형식적 수학의 기본 토대가 됩니다. 하지만 아이들이 분수에 대한 실제적 경험이 없는 상태에서 기능 중심 학습을 통한 분수의 형식화가 이루어지기 때문에 분수 학습에 많은 어려움을 겪게 됩니다. 또한 분수와는 매우 다른 자연수의 학습 경험도 분수 이해에 큰 방해가 되기도 하죠.

그럼 분수 학습에서 가장 중요한 것을 무엇할까요? 그것은 분수 개념과 원리를 이해하고 분수 감각을 기른 후 분수 연산을 익히는 것입니다. 우리 아이가 1학년 때 자연수를 배웠던 기억을 떠올려 보세요. 아이에게 1, 2, 3, 4, 5와 같은 숫자만 가르쳐 주고 외우도록만 했나요? 그렇지 않습니다. 가르기, 모으기, 수의 순서 알아보기, 홀수와 짝수로 나누기, 묶어 세기 등을 통해 자연수의 개념과 원리를 이해하고 자연수의 감각을 키웠습니다. 이처럼 분수학습에서도 분수의 개념과 원리를 정확히 이해하고 분수에 대한 감각을 충분히 키우는 것이 가장 중요합니다. 더욱이 앞서 말씀드린 것처럼 아이들은 분수에 대한 실제적 경험이 거의 없기 때문에 분수를 이해하고 분수 감각을 기를 수 있도록 단계적인 수학 활동을 제공하고 충분히 사고할 수 있는 기회를 주어야겠지요.

'어쩌다 수리(數悧) 수리(數理)' (분수 개념 편)와 함께 하면 분수의 개념과 원리를 정확히 이해하고 분수 감각을 기를 수 있습니다. 왜냐하면 '어쩌다 수리 수리'는 체계적인 수학 이론의 바탕 위에 철저히 아이들의 수준과 사고 과정을 반영하고 풍부한 수학적 맥락을 가진 활동들로 학습 경로를 구성하였기 때문입니다. 또한 어쩌다 수리 수리 '분수 개념 편'을 학습한 후에 '분수 연산 편'을 만난다면 우리 아이는 분수의 개념과 연산을 완벽하게 익힐 것입니다.

이제부터 학부모님은 우리 아이가 분수 개념의 어느 부분에서 어려움을 겪고 이를 어떻게 해결하는지를 살펴보실 수 있습니다.

마지막으로 아이들이 '어쩌다 수리 수리'를 통해 초등학교 수학의 핵심 개념이자 수학적 사고의 기초인 분수를 정확하게 이해하고 분수 감각을 충분히 키움으로써 분수를 앞으로 상급학교에서 배울 내용의 연결고리로 활용할 수 있기를 기대합니다.

아이들을 열정으로 가르치는 선생님께

전문직인 교사는 교과 전문지식을 갖추고 다양한 수업기술을 적용하여 아이들을 가르칩니다. 교과 전문지식을 갖춘다는 것은 학문적 지식을 학생들이 배울 교과 지식으로 바꾸는 것을 의미하죠. 이는 매우 전문적인 영역이며 특히, 수학은 고도의 전문성이 요구됩니다.

최근 학교 현장에서 주목받는 교육과정 재구성 자료, 수업 기술(하브루타 수업, 거꾸로 수업, 프로젝트 수업, 비주얼싱킹, 토의-토론학습 등) 적용 자료 중에 유독 수학 관련 자료가 부족한 상황이 이를 반증합니다.

왜 교육과정 재구성 자료, 수업기술 적용 자료 중에 수학 관련 자료가 부족할까요? 학문적 지식을 교과 지식으로 바꾸기 위해서는 아이들의 수준과 사고 과정을 철저히 반영하고 풍부한 수학적 맥락을 가진 상황이 제공되어야 하는데 수학이 가진 추상성으로 인해 이 부분이 매우 어렵기 때문입니다. 물론 실제 추상성의 배경에는 강력한 현실적 필요성이 깔려 있지만요.

이를 극복하고 해결하기 위해 현장 교사들은 각종 연수와 연구 활동 등에 참여하고 있지만, 교과 전문지식을 체계적으로 구현한 자료를 만드는 일은 높은 전문성, 풍부한 교수 경험, 많은 시간과 노력 등을 필요로 합니다. 그리고 여러 이유로 인해 교과 전문지식을 구현하고 즉시 아이들에게 투입할 수 있으며 단원별, 영역별로 체계화된 자료를 쉽게 찾을 수 없는 현실입니다.

저 역시 이러한 과정과 어려움을 겪었습니다. 국정교과서 심의, 검정교과서 집필 등의 활동을 통해 수학 자료를 개발하고 기존 자료들과 함께 적용해 보았지만 개인적으로 늘 만족스럽지 못했습니다. 특히, 가장 만족스럽지 못한 상황은 실제 교실에서 반 아이들을 가르칠 때였습니다. 단편적으로 개발한 자료와 수학 기능만을 강조한 기존 자료들을 함께 적용하다 보니 개념과 원리 이해 부족으로 인해 아이들은 성취 기준을 도달하는 데에 어려움을 겪었고 이로 인한 학습 결과가 늘 아쉬웠습니다.

수학은 단계성과 위계성이 매우 강한 교과이기 때문에 학습 결손이 발생하면 다음 단계로 나아가지 못한다는 것을 너무 잘 알기에 개념과 연산의 조화로운 학습을 늘 고민하였고 이런 고민의 결과가 책을 출간하는 계기가 되었습니다. 아이들에게 바로 적용할 수 있는 개념-연산 익힘책을 만들고자 하였고 그 첫 번째 시도가 분수입니다. 그 이유는 대다수의 초등학생들이 분수에서 처음 수학을 포기할 뿐만 아니라 분수는 개념과 연산이 매우 강하고 밀접하게 연결되어 있어 '어쩌다 수리(數悧) 수리(數理)'와 같은 개념-연산 익힘책이 가장 절실하게 필요하기 때문입니다.

이 책은 수학학습의 본질에 역행하여 우리 아이들에게 기계적인 반복 학습을 강요하는 기능 중심의 기존 책들과는 철저히 다른 길을 가고자 하였습니다. 이를 위해 수학 이론과 실제를 체계적으로 접목하였습니다. 체계적인 수학이론의 바탕 위에 철저히 아이들의 수준과 사고 과정을 반영하고 실생활에서 풍부한 수학적 맥락을 가진 상황을 적용한 활동으로 단계적인 학습 경로를 구성하였습니다.

이 책을 통해 아이들은 새로운 학습 경험으로 자연수의 세계를 벗어나 분수의 개념을 정확하게 이해할 수 있을 것입니다. 또한 선생님들은 분수 개념과 원리 이해를 위한 체계화된 활동을 제공받고 교육과정 재구성과 다양한 수업 기술 적용에 관한 아이디어를 얻을 수 있을 것입니다.

책의 구성

활동

본 책은 활동을 차례대로 해결하면서 자연스럽게 분수의 개념과 원리를 이해하고 분수 감각을 키울 수 있도록 구성하였습니다.

핵심 콕! 콕!

각 단계 활동에서 꼭 알아야 하는 개념이나 원리를 이해하기 쉽게 정리되어 있습니다.

질문 콕!

분수의 개념과 원리를 정확히 이해하기 위한 핵심적인 질문을 제시하였습니다.

* '질문 콕'은 질문 콕! 가 표시되어 있어요

활동 다지기

각 단계 활동들을 잘 이해했는지 확인할 수 있는 핵심적인 문제와 단계 활동들의 이해를 바탕으로 해결할 수 있는 다지기 문제를 통해 분수 실력을 키울 수 있도록 구성되어 있습니다.

차례

어쩌다 수리수리

분수
개념 편

분수 개념왕 ______________

	$\frac{1}{20}$	$\frac{2}{20}$	$\frac{3}{20}$	$\frac{4}{20}$	$\frac{5}{20}$		
	1 단계	2 단계	3 단계	4 단계	5 단계	6 단계	$\frac{6}{20}$
$\frac{20}{20}$	20 단계					7 단계	$\frac{7}{20}$
$\frac{19}{20}$	19 단계					8 단계	$\frac{8}{20}$
$\frac{18}{20}$	18 단계					9 단계	$\frac{9}{20}$
$\frac{17}{20}$	17 단계					10 단계	$\frac{10}{20}$
$\frac{16}{20}$	16 단계	15 단계	14 단계	13 단계	12 단계	11 단계	
		$\frac{15}{20}$	$\frac{14}{20}$	$\frac{13}{20}$	$\frac{12}{20}$	$\frac{11}{20}$	

- 단계를 마치면 아래 단계별 캐릭터를 오려 붙혀주세요.

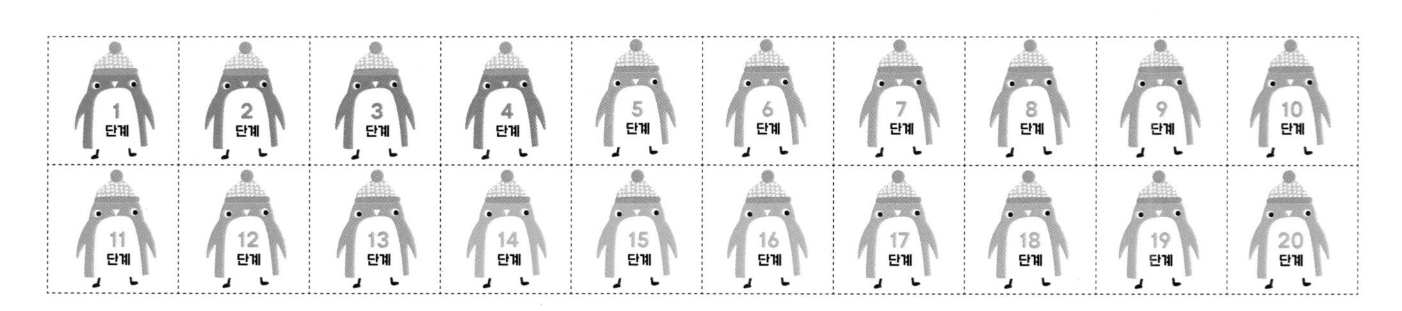

1 단계

분수를 나타내는 낱말

활동 01 빨간색 낱말이 나타내는 그림을 찾아보세요.

(3)

(4)

관계있는 것끼리 선으로 연결하세요.

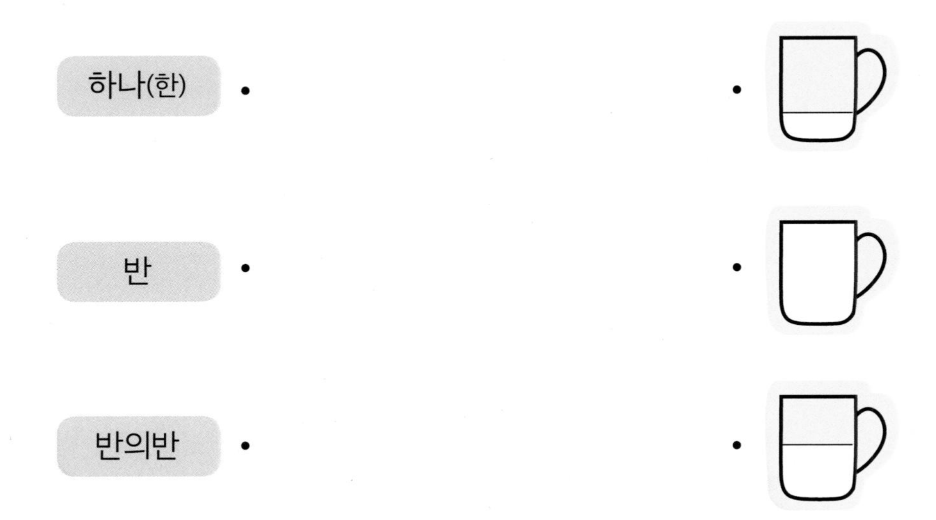

질문 콕!

일상생활에서 하나(한), 반, 반의반을 사용하는 경우를 이야기해 보세요.

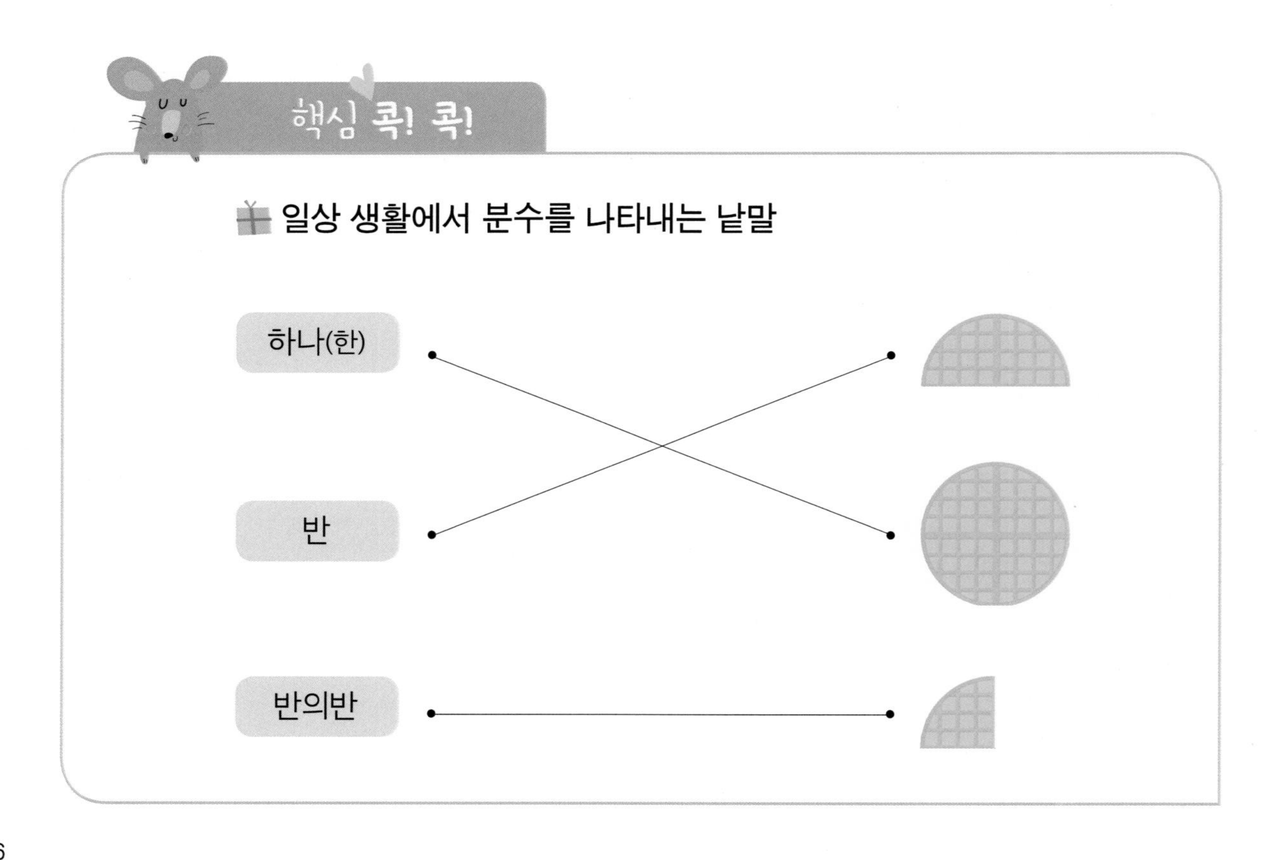

관계있는 것끼리 선으로 연결하세요.

하나(한)

반

반의반

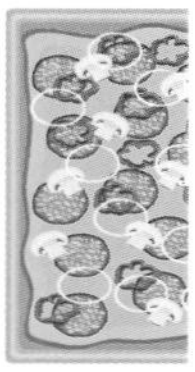

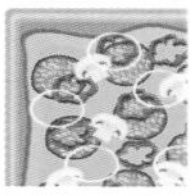

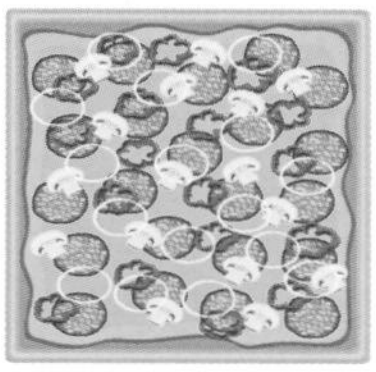

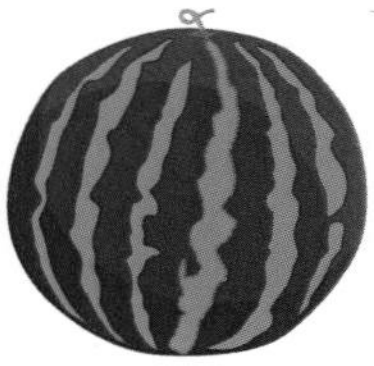

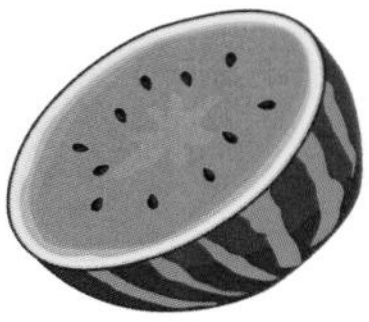

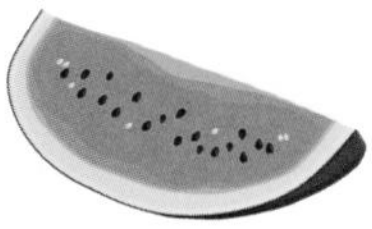

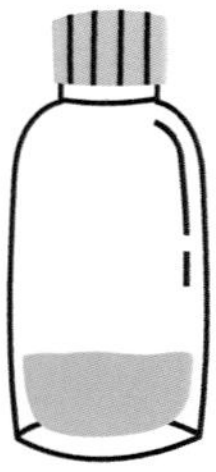

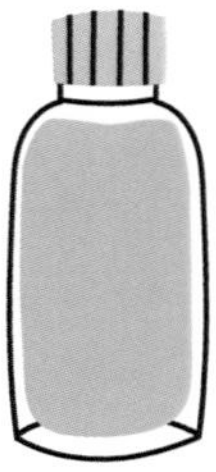

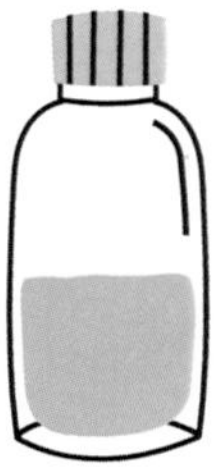

2 단계

똑같이 나누기 ①

누나와 동생이 와플을 나누어 먹으려고 합니다. 똑같이 나눈 와플을 찾아보세요.

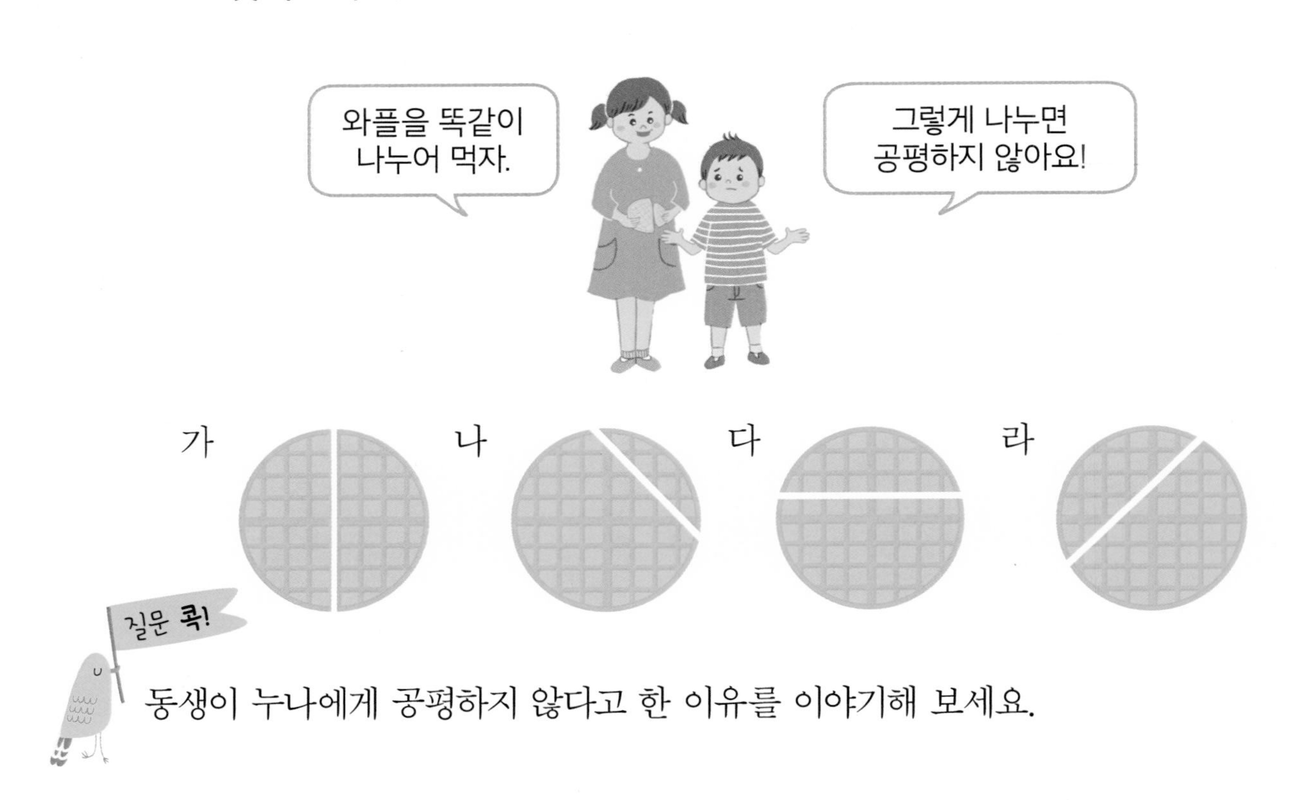

동생이 누나에게 공평하지 않다고 한 이유를 이야기해 보세요.

활동 02

똑같이 나누어진 피자를 모두 찾아보세요.

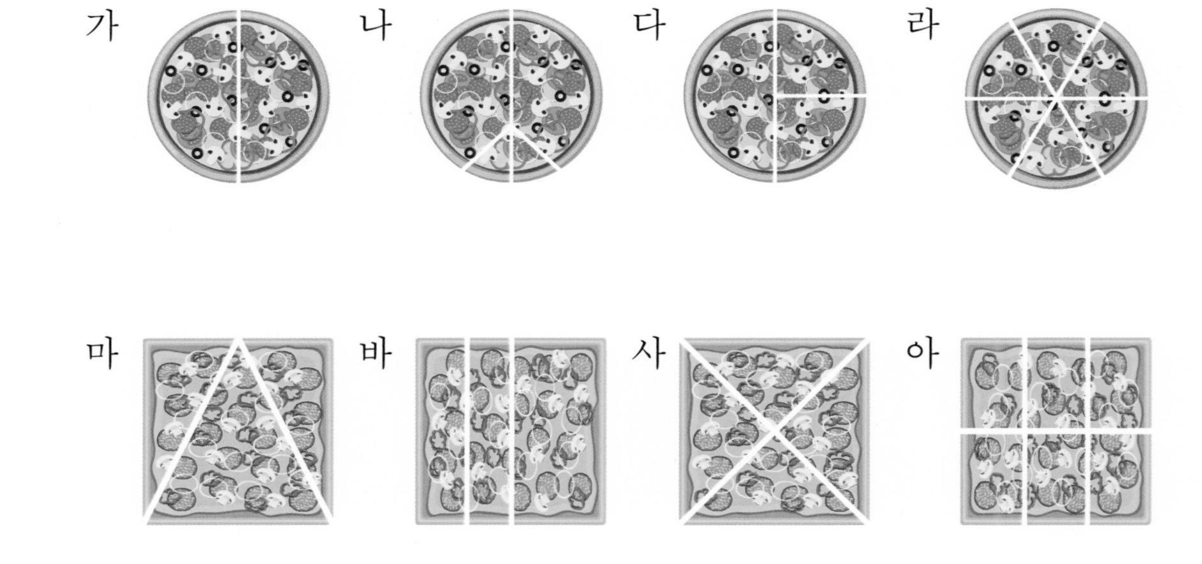

활동 03 똑같이 나눈 도형을 모두 찾아보세요.

가　　　나　　　다

라　　　마　　　바

사　　　아　　　자

활동 04 여러 나라의 국기를 보고 물음에 답하세요.

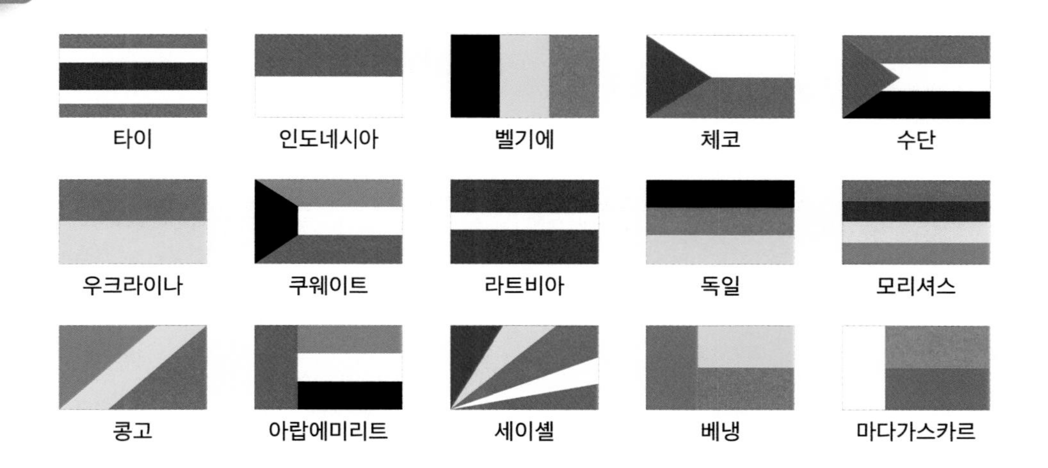

(1) 똑같이 둘로 나누어진 국기를 모두 써 보세요.

(2) 똑같이 셋으로 나누어진 국기를 모두 써 보세요.

(3) 똑같이 넷으로 나누어진 국기를 모두 써 보세요.

활동 05 크기가 같은 피자가 몇 조각인지 써 보세요.

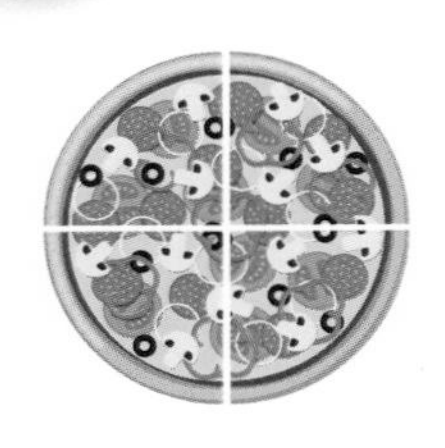

□ 조각

□ 조각

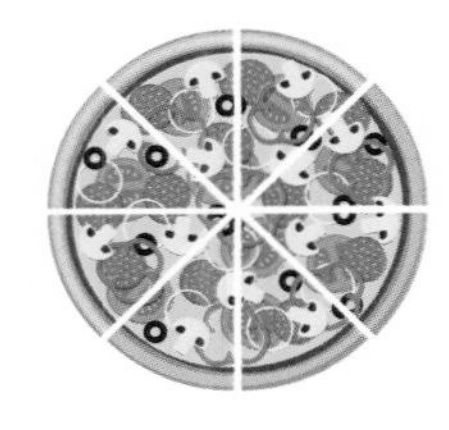

□ 조각

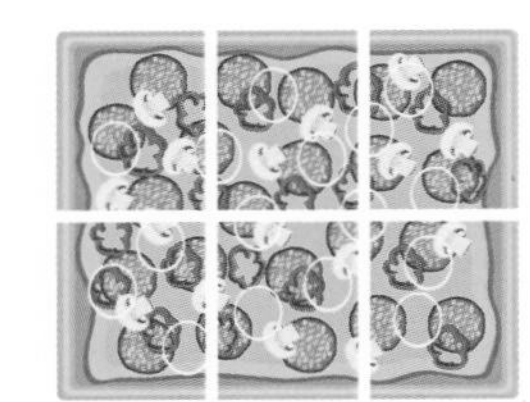

□ 조각

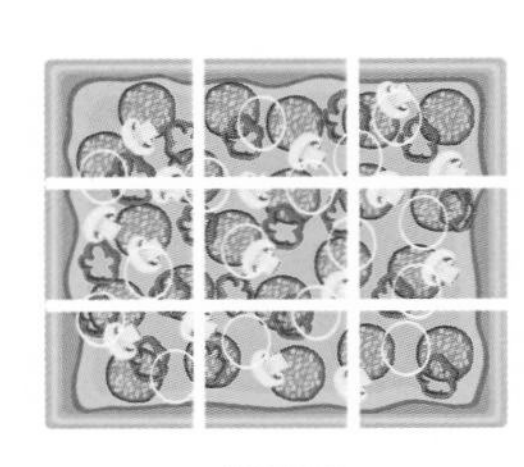

□ 조각

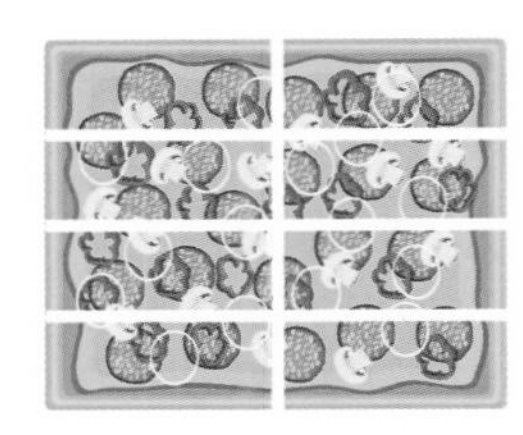

□ 조각

활동 06 도형을 똑같이 몇 개로 나누었는지 써 보세요.

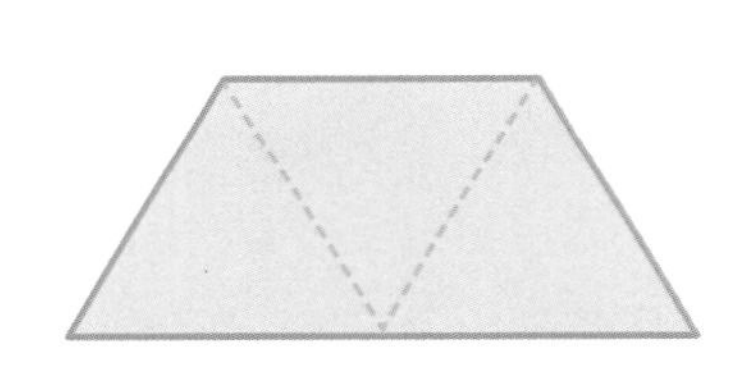

□ 개

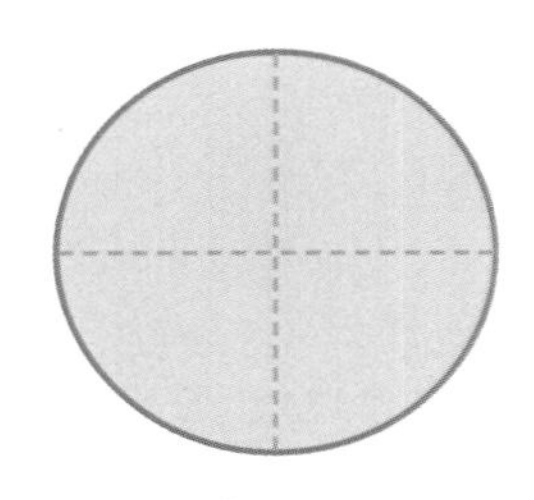

□ 개

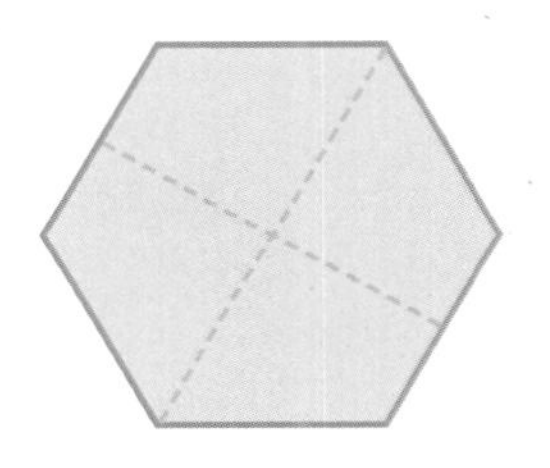

□ 개

□ 개

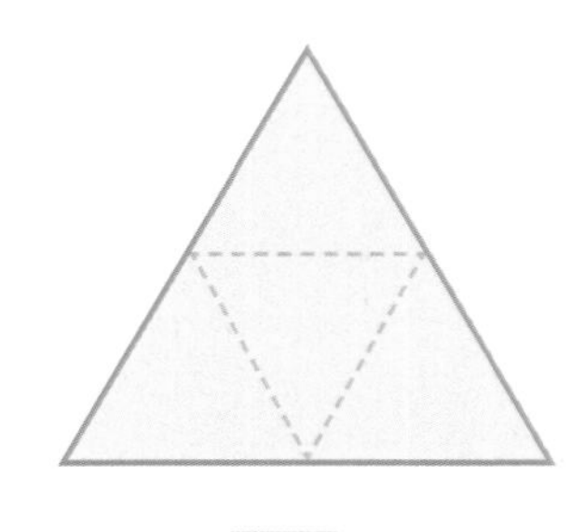

□ 개

□ 개

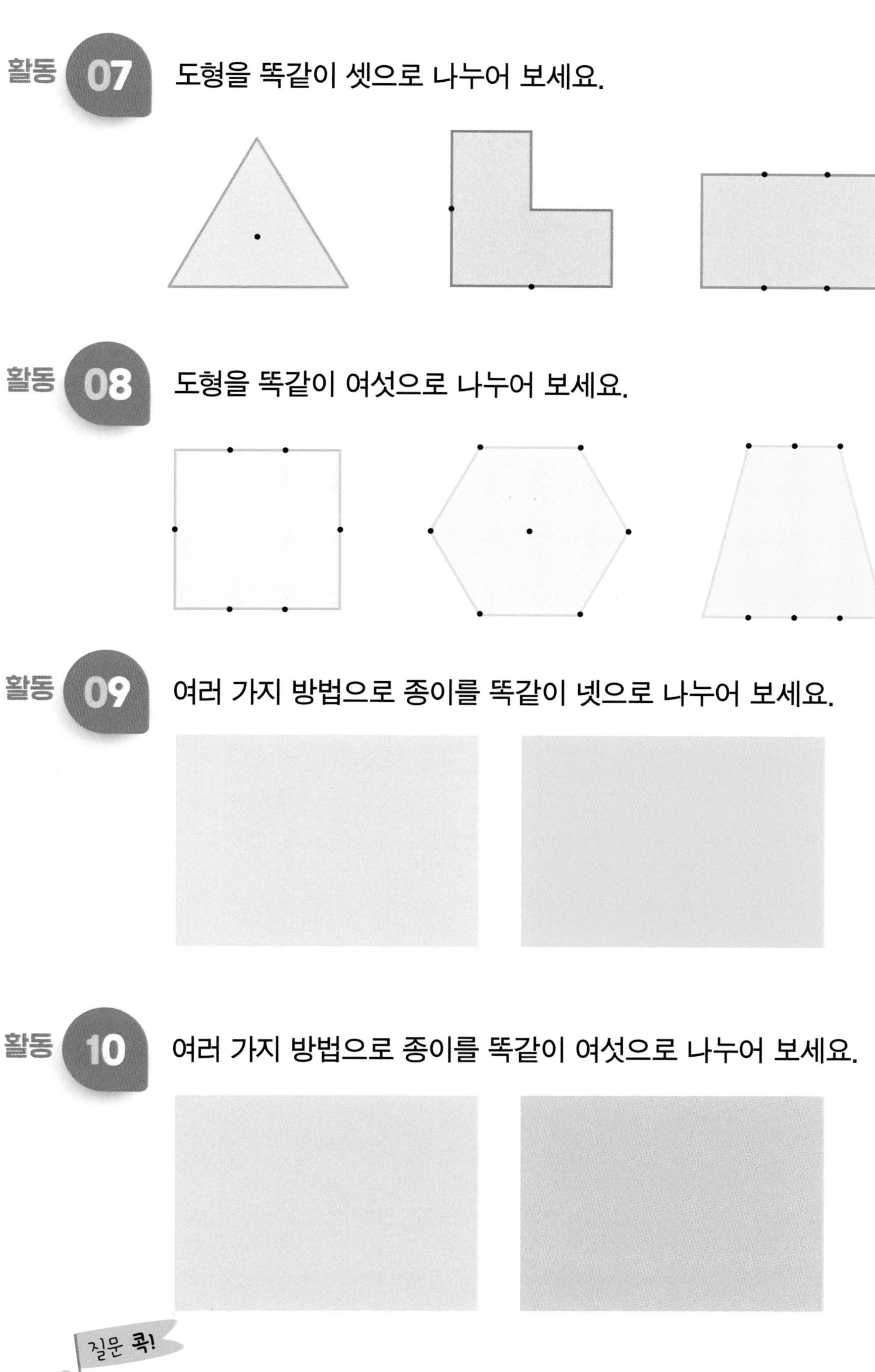

활동 07 도형을 똑같이 셋으로 나누어 보세요.

활동 08 도형을 똑같이 여섯으로 나누어 보세요.

활동 09 여러 가지 방법으로 종이를 똑같이 넷으로 나누어 보세요.

활동 10 여러 가지 방법으로 종이를 똑같이 여섯으로 나누어 보세요.

질문 콕!

종이가 똑같이 나누어졌는지를 어떻게 알 수 있는지 이야기해 보세요.

3 단계

똑같이 나누기 ②

활동 01 똑같이 나누어 먹으려고 합니다. 한 사람이 먹을 양을 보기처럼 나누어 보세요.

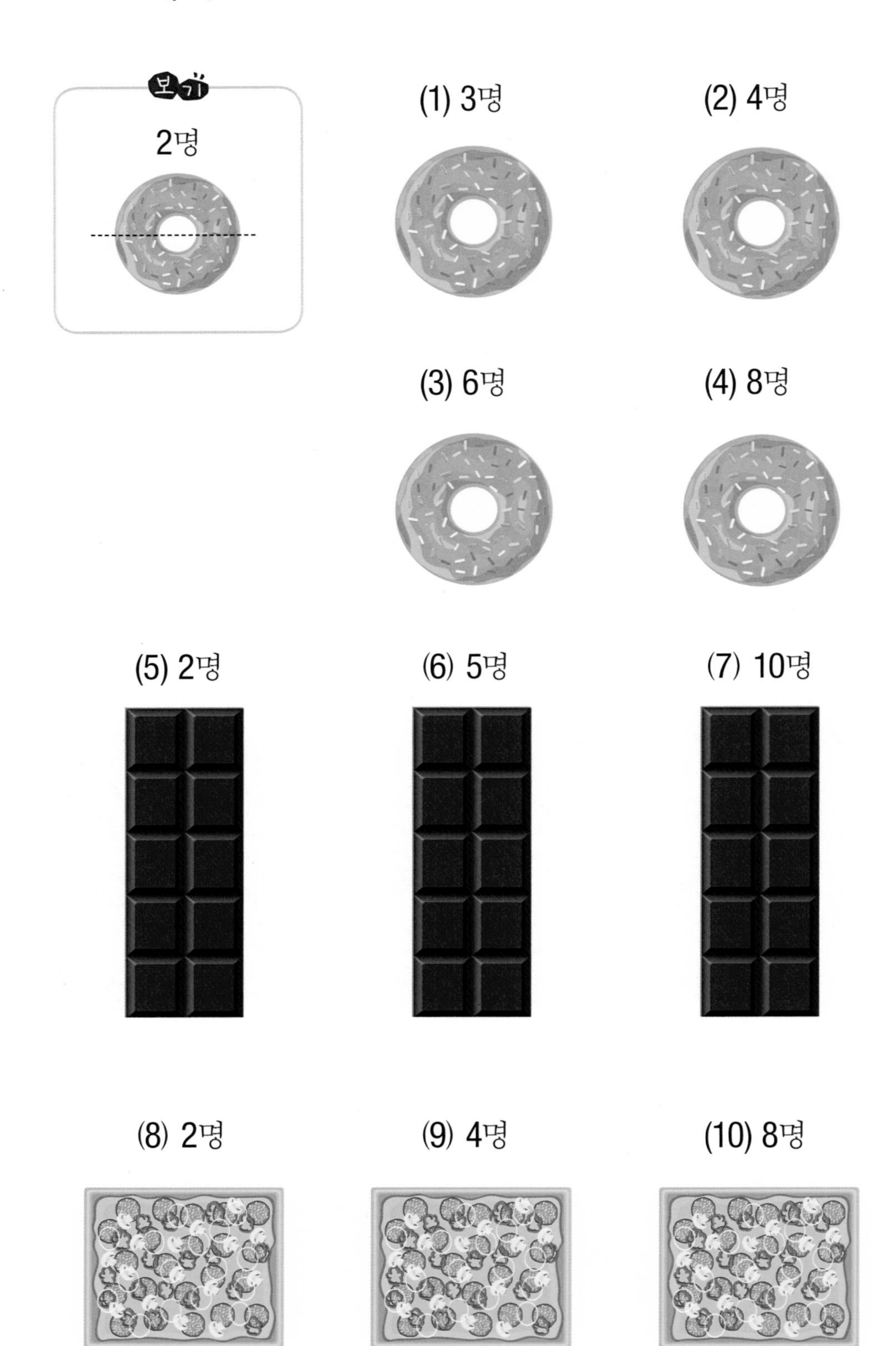

뚝같이 나누어 먹으려고 합니다. 한 사람이 먹을 양을 보기처럼 색칠해 보세요.

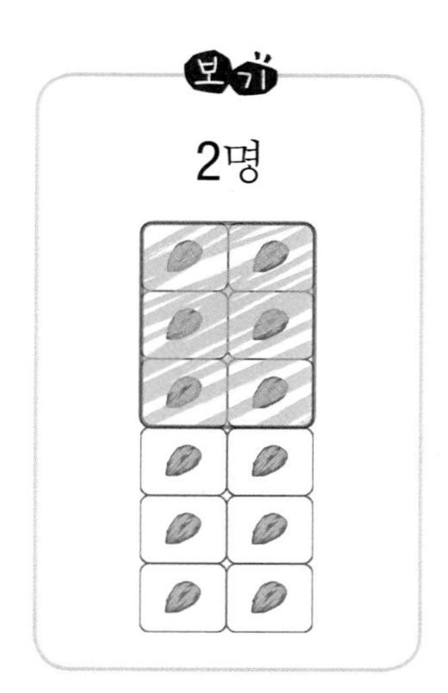

(1) 3명

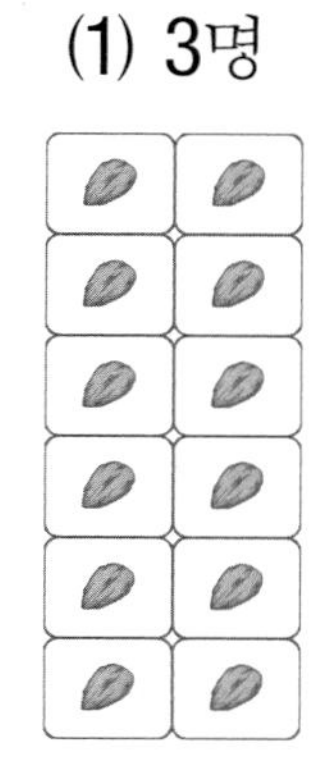

(2) 4명

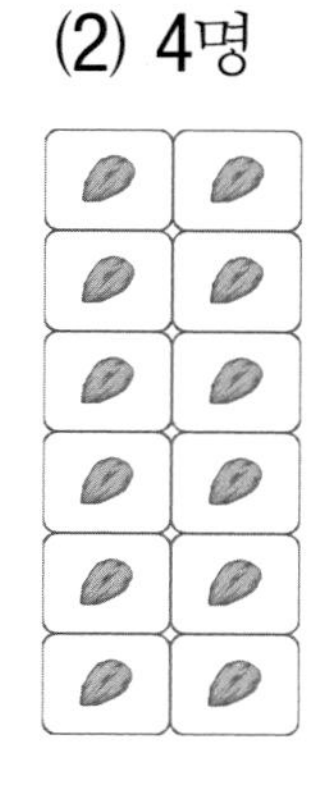

(3) 6명

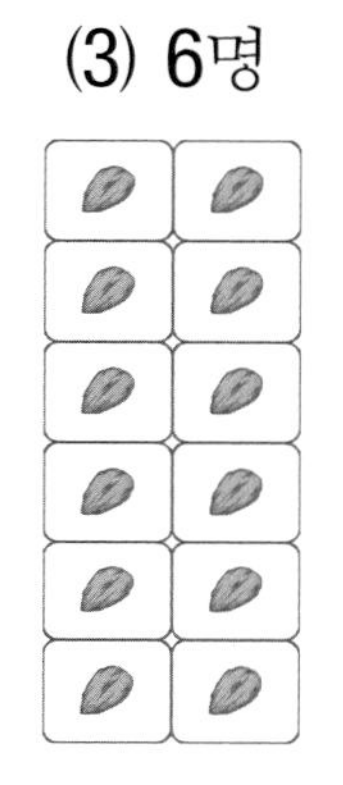

(4) 12명

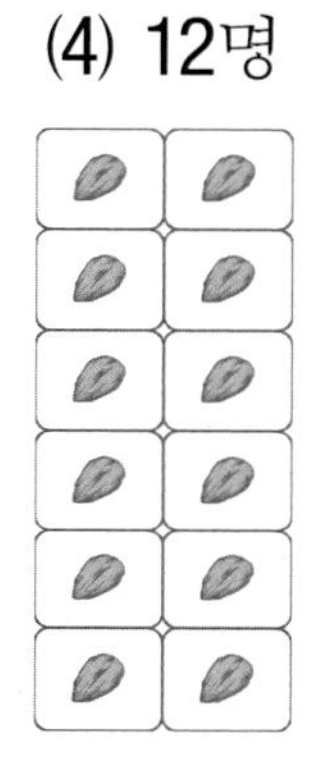

(5) 2명

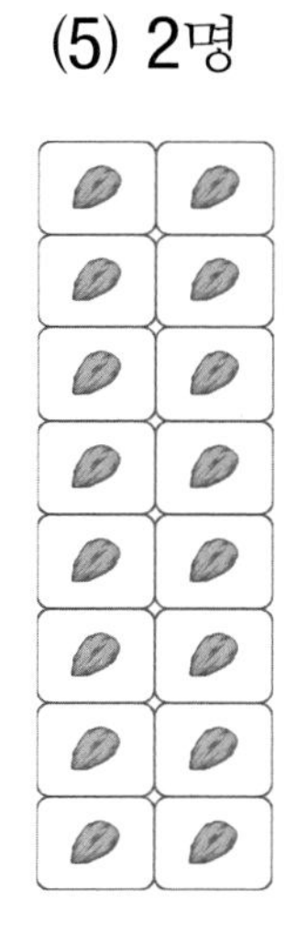

(6) 4명

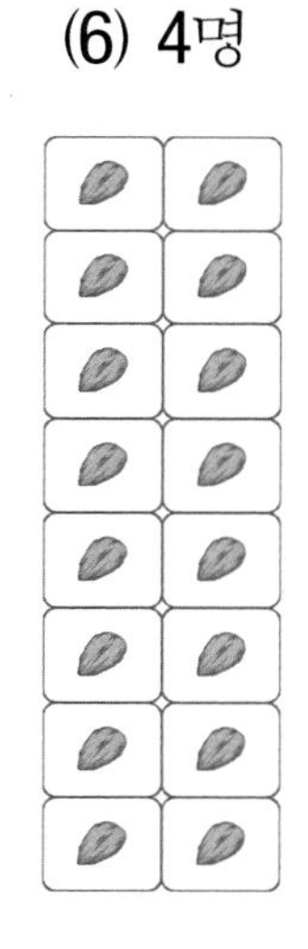

(7) 8명

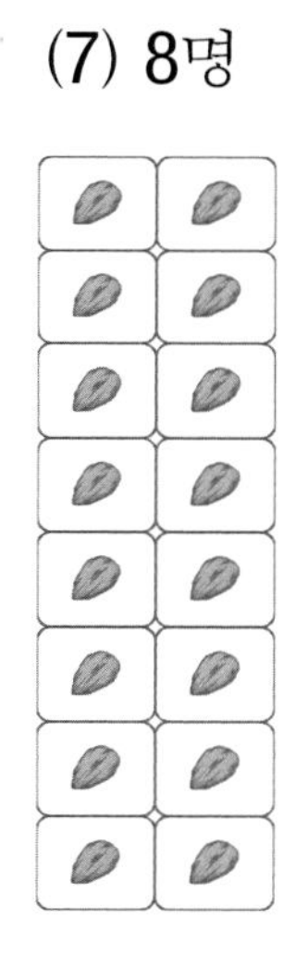

활동 03 가래떡을 8명에게 똑같이 나누어주려고 합니다. 1명에게 나누어줄 가래떡을 찾아보세요.

(1) (2) (3) (4)

활동 04 가래떡을 6명에게 똑같이 나누어주려고 합니다. 1명에게 나누어줄 가래떡을 찾아보세요.

(1)  (2) (3)  (4)

활동 05 가래떡을 4명에게 똑같이 나누어주려고 합니다. 1명에게 나누어줄 가래떡을 찾아보세요.

(1)  (2) (3)  (4)

활동 06 직사각형 종이를 똑같이 9조각으로 자르려고 합니다. 1조각 크기를 찾아보세요.

(1) (2) (3) (4)

활동 07 직사각형 종이를 똑같이 5조각으로 자르려고 합니다. 1조각 크기를 찾아보세요.

(1) (2) (3) (4)

활동 08 직사각형 종이를 똑같이 3조각으로 자르려고 합니다. 1조각 크기를 찾아보세요.

(1) (2) (3) (4)

질문 콕!

찾은 직사각형 종이가 1조각 크기인지 어떻게 알 수 있나요?

4단계

1~3단계 활동 다지기

문제 01 관계있는 것끼리 이어 보세요.

하나(한) •　　　　• 

반 •　　　　•

반의반 •　　　　• 

문제 02 똑같이 둘로 나눈 것에 ○표 하세요.

(　　)

(　　)

(　　)

문제 03 같은 크기의 조각이 몇 조각인지 □ 안에 써넣으세요.

(1) 

□ 조각

(2) 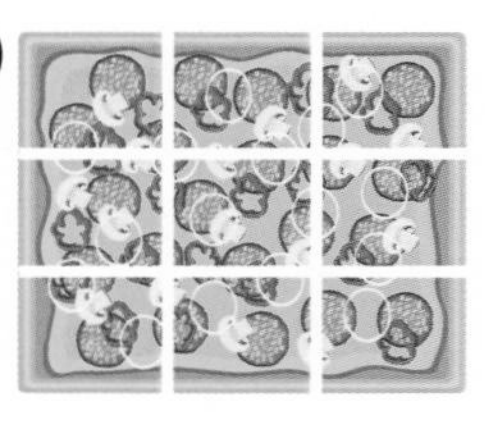

□ 조각

(3) 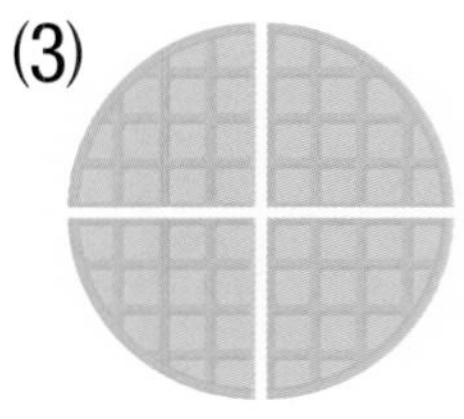

□ 조각

문제 04 똑같이 나눈 도형을 모두 찾아보세요.

가

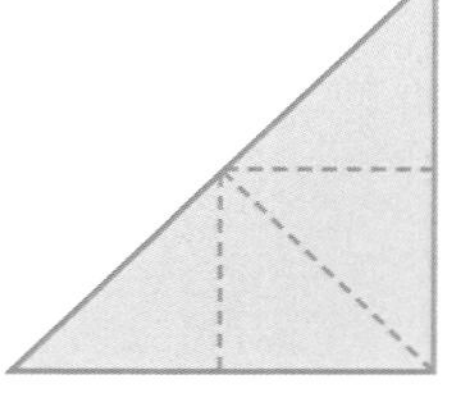

나

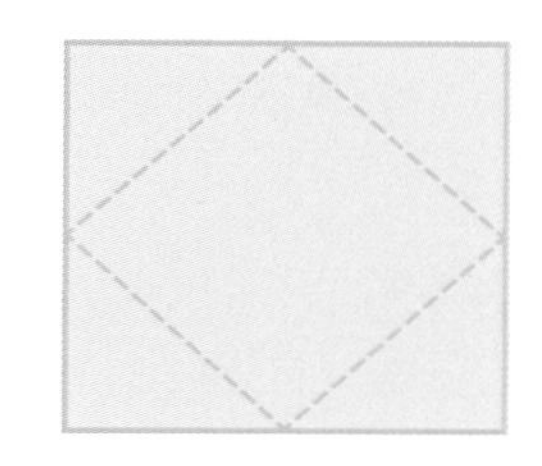

다

라

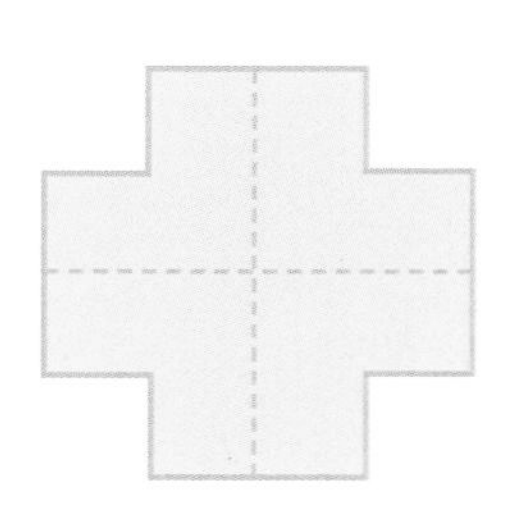

마

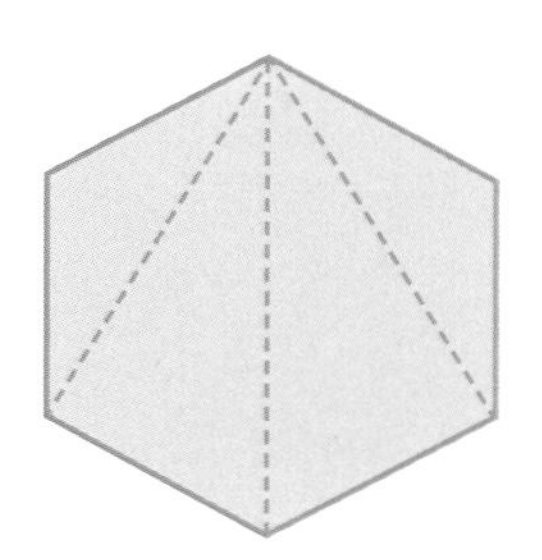

바

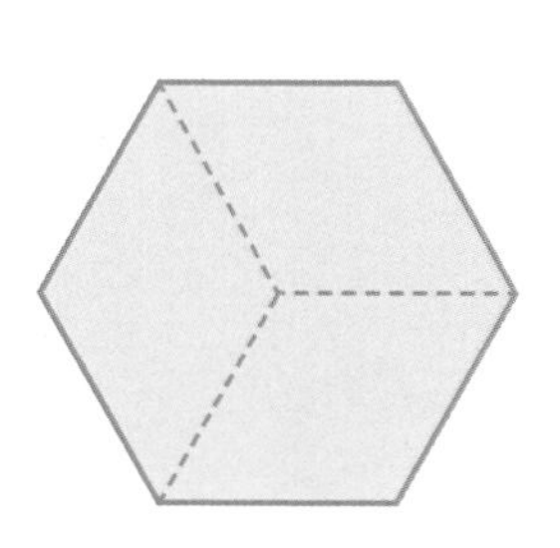

[문제 5~6] 다음 도형을 보고 물음에 답하세요.

가

나

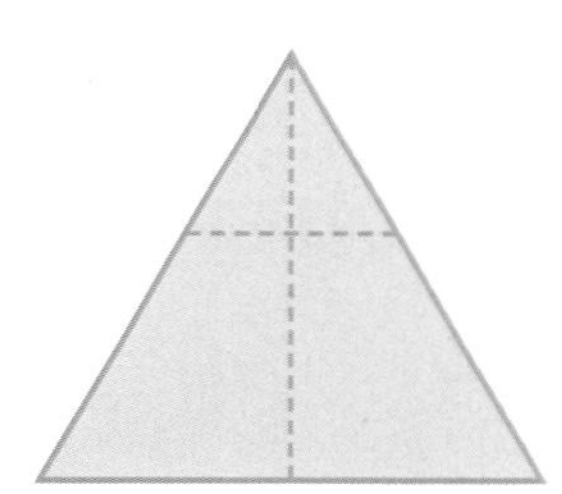

다

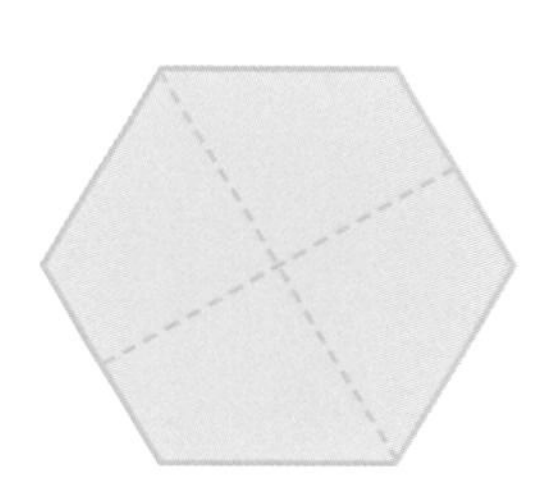

라

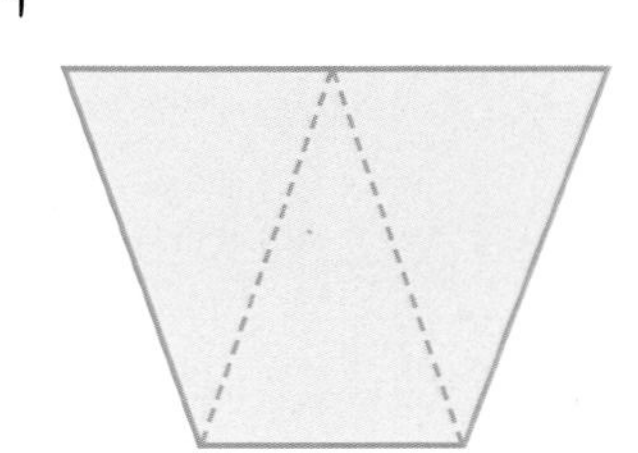

마

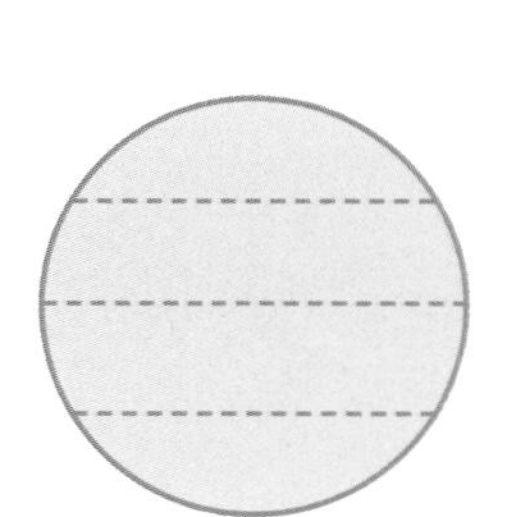

바

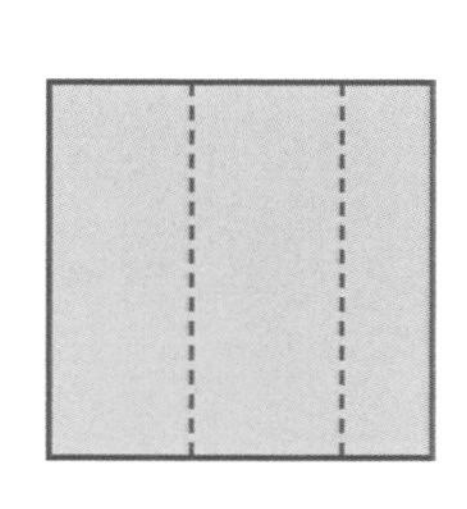

문제 05 똑같이 나누어진 도형을 모두 찾아 기호를 써 보세요.

( )

문제 06 똑같이 셋으로 나누어진 도형을 모두 찾아 기호를 써 보세요.

( )

문제 07 전체를 똑같이 여섯으로 나눌 수 없는 도형을 찾아보세요.

가 나 다 라

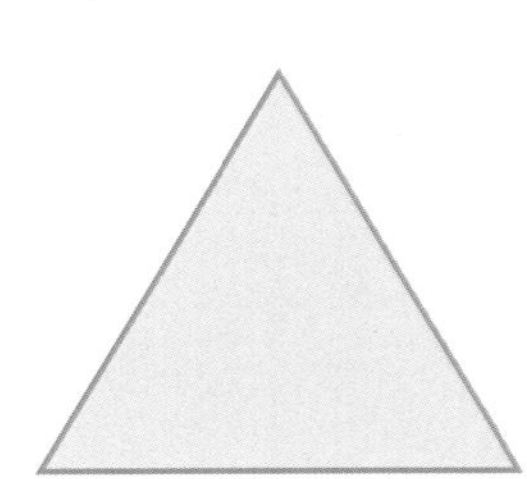

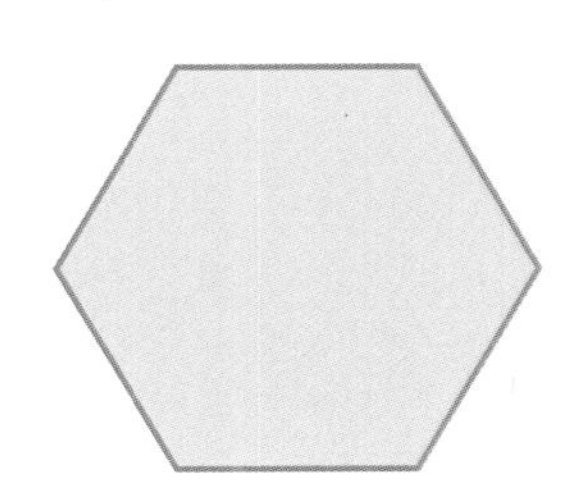

문제 08 가족이 초콜릿을 똑같이 나누어 먹으려고 합니다. 초콜릿을 똑같이 나누어 보세요.

문제 09 똑같이 나누어 먹으려고 합니다. 한 사람이 먹을 양만큼 색칠해 보세요.

(1) 3명

(2) 6명

(3) 9명

문제 10 피자를 4명에게 똑같이 나누어주려고 합니다. 1명에게 나누어줄 피자 조각을 찾아보세요.

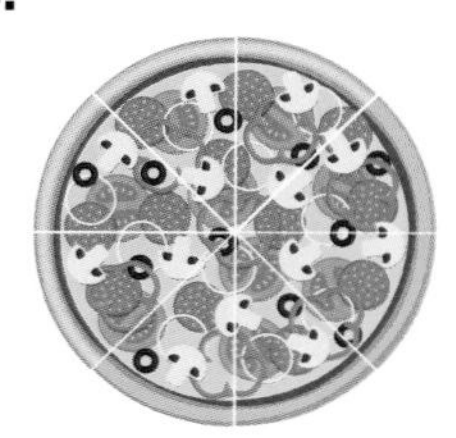

가  나  다  라 

문제 11 피자를 6명에게 똑같이 나누어주려고 합니다. 1명에게 나누어줄 피자 조각을 찾아보세요.

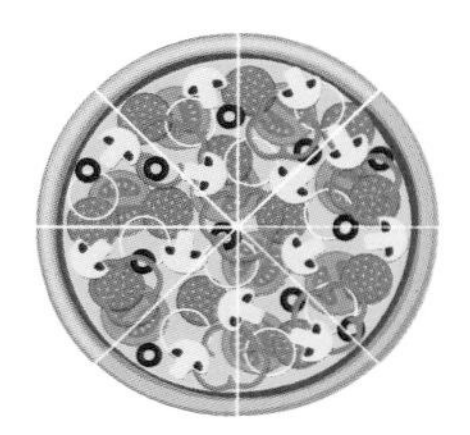

가  나  다  라 

문제 12 피자를 5명에게 똑같이 나누어주려고 합니다. 1명에게 나누어줄 피자 조각을 찾아보세요.

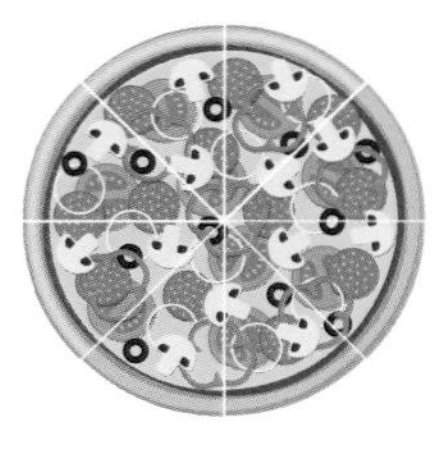

가 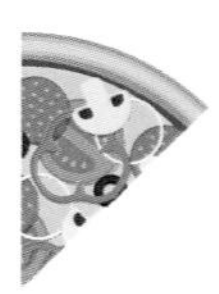 나  다  라 

5단계

분수로 나타내기 ①

전체와 부분으로

활동 01 보기처럼 빈 곳에 알맞게 써넣으세요.

	그림	설명	분수로 쓰기	읽기
보기		먹은 조각 수 1 전체 조각 수 8	$\frac{1}{8}$	8분의 1
(1)		먹은 조각 수 □ 전체 조각 수 □	$\frac{\square}{\square}$	
(2)		먹은 조각 수 □ 전체 조각 수 □	$\frac{\square}{\square}$	
(3)		먹은 조각 수 □ 전체 조각 수 □	$\frac{\square}{\square}$	
(4)		먹은 조각 수 □ 전체 조각 수 □	$\frac{\square}{\square}$	
(5)		먹은 조각 수 □ 전체 조각 수 □	$\frac{\square}{\square}$	

활동 02 빈 곳에 알맞게 써넣으세요.

	도형	설명	분수로 쓰기	읽기
(1)	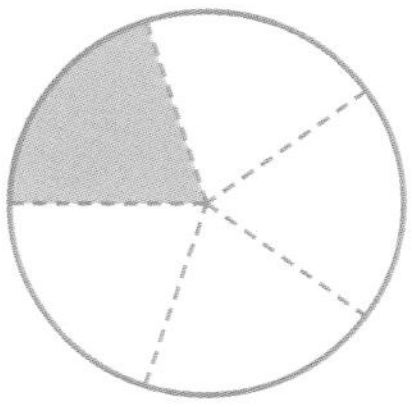	색칠한 조각 수 □ 전체 조각 수 □	$\frac{\square}{\square}$	
(2)	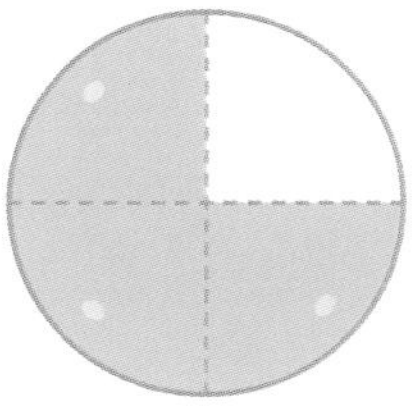	색칠한 조각 수 □ 전체 조각 수 □	$\frac{\square}{\square}$	
(3)	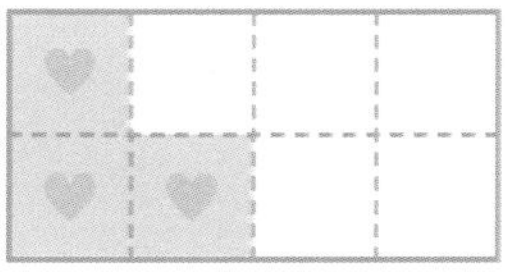	색칠한 조각 수 □ 전체 조각 수 □	$\frac{\square}{\square}$	
(4)	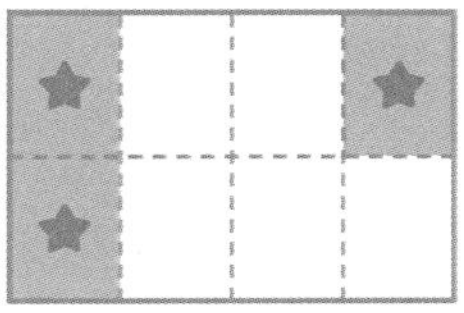	색칠한 조각 수 □ 전체 조각 수 □	$\frac{\square}{\square}$	
(5)	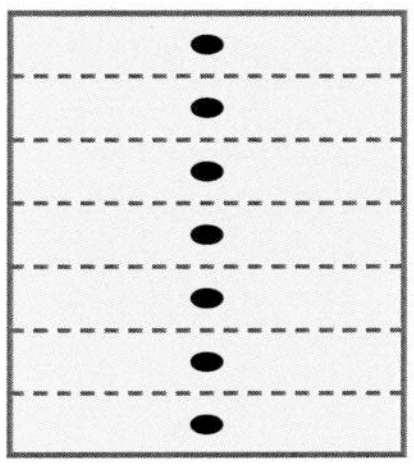	색칠한 조각 수 □ 전체 조각 수 □	$\frac{\square}{\square}$	

분수로 나타내기(1) - 전체와 부분으로

전체를 똑같이 2로 나눈 것 중의 1을 $\frac{1}{2}$이라 쓰고 2분의 1이라고 읽습니다.

전체를 똑같이 3으로 나눈 것 중의 2를 $\frac{2}{3}$라 쓰고 3분의 2라고 읽습니다.

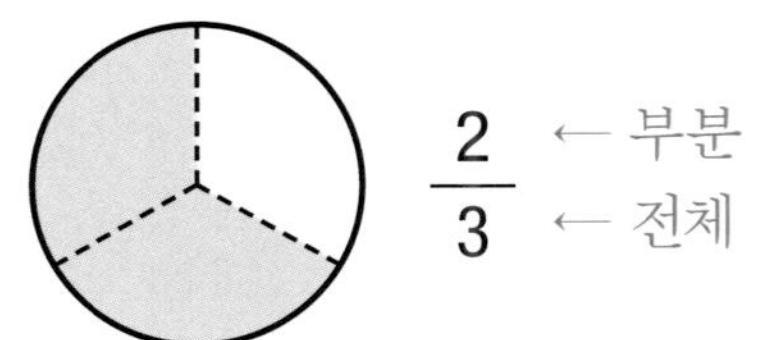

$\frac{1}{2}$, $\frac{2}{3}$와 같은 수를 분수라고 합니다.

$\frac{1}{2}$ 1 ← 분자, 2 ← 분모　　$\frac{2}{3}$ 2 ← 분자, 3 ← 분모

활동 03 설명에 맞게 색칠하고, 해당되는 분수에 이어 보세요.

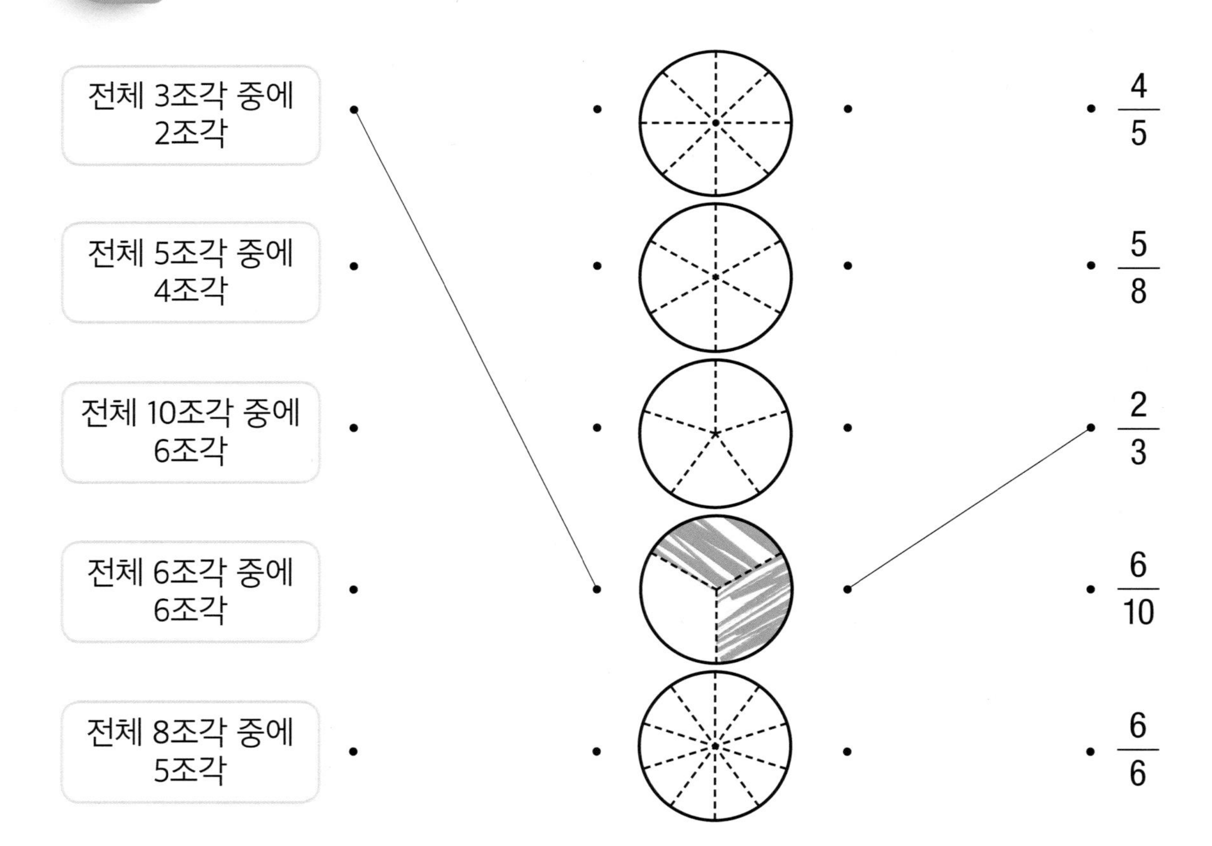

활동 04 색칠한 부분을 분수로 나타내어 보세요.

보기

$\frac{3}{4}$

(1)

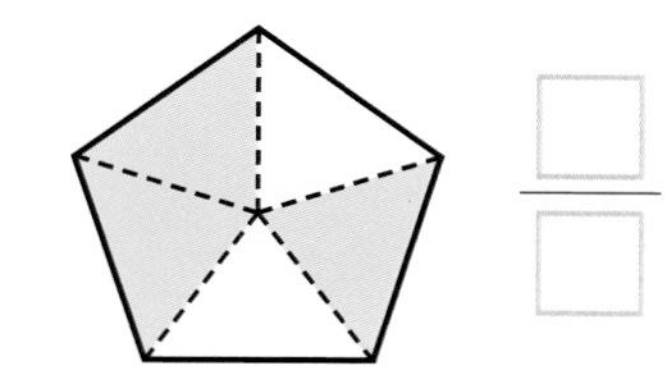

(2)

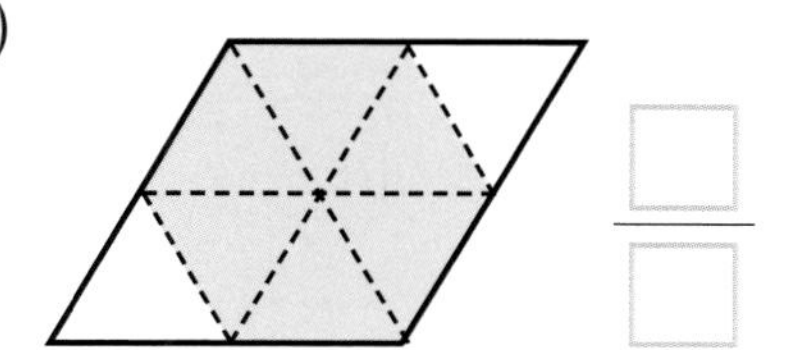

(3)

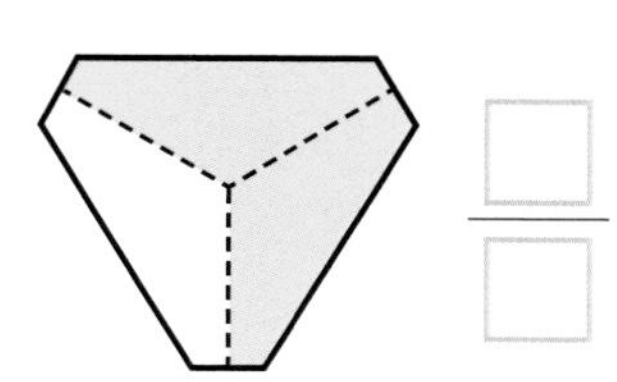

(4)

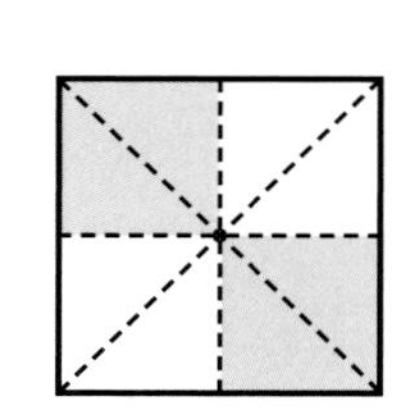

(5)

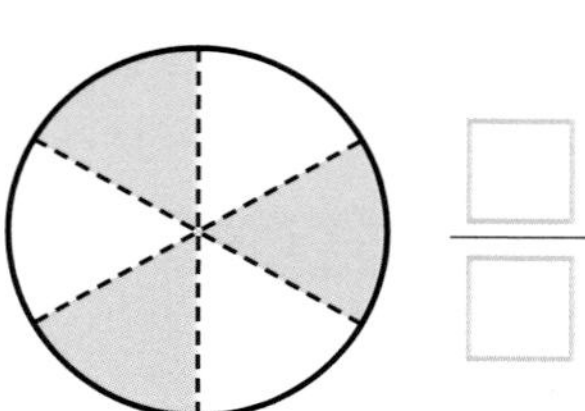

활동 05 분수만큼 색칠해 보세요.

$\frac{2}{3}$

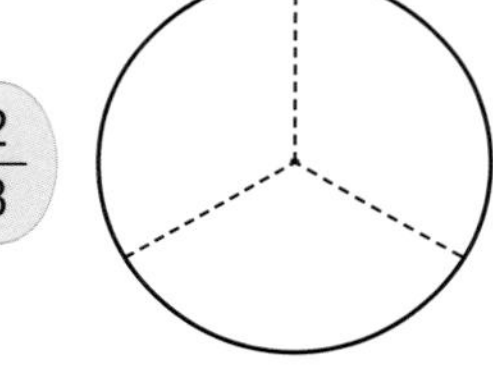

$\frac{2}{4}$

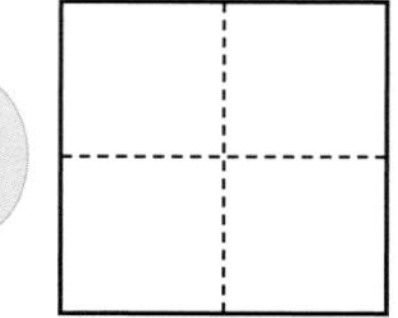

$\frac{3}{4}$

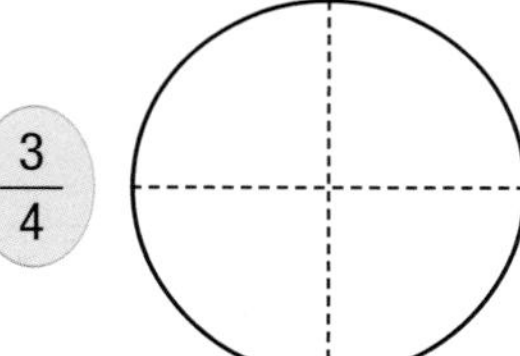

$\frac{1}{6}$

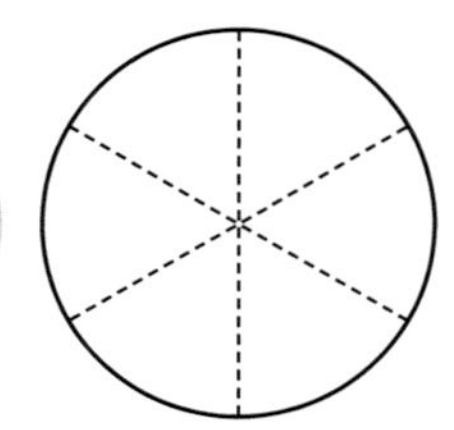

$\frac{2}{6}$

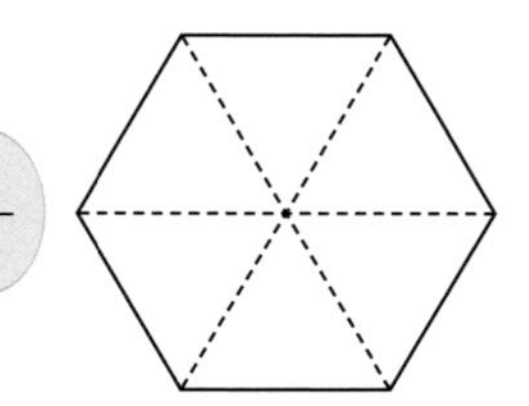

$\frac{4}{6}$

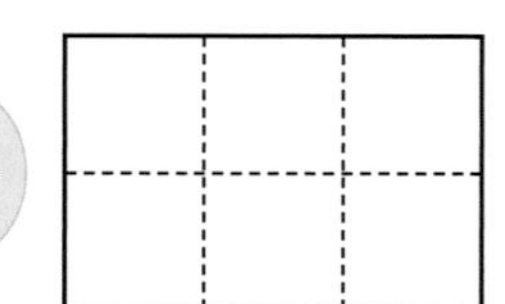

$\frac{3}{6}$

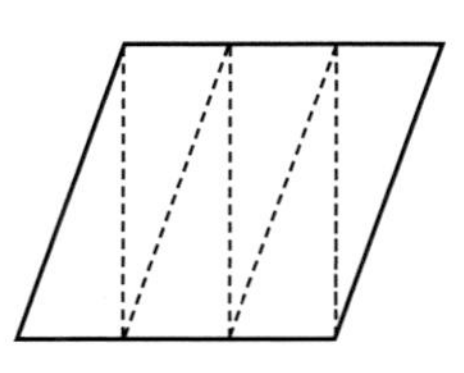

$\frac{5}{6}$

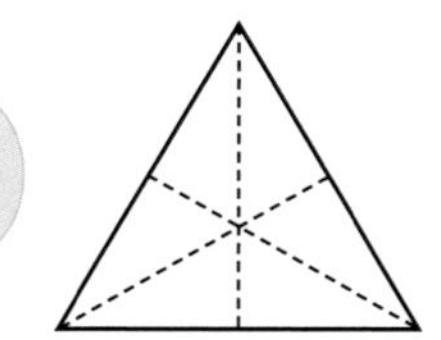

$\frac{3}{6}$

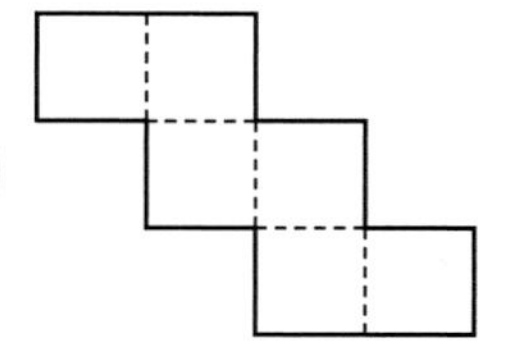

질문 콕!

하나(한), 반, 반의반을 분수로 나타내어 볼까요?

활동 06 보기처럼 그림을 나누고 분수만큼 색칠해 보세요.

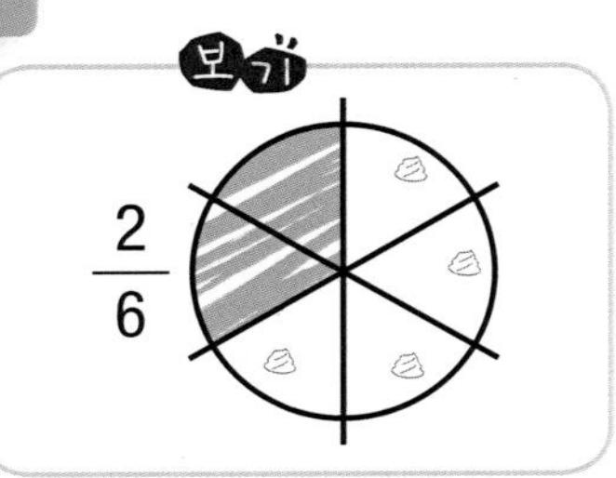

(1) $\frac{5}{8}$

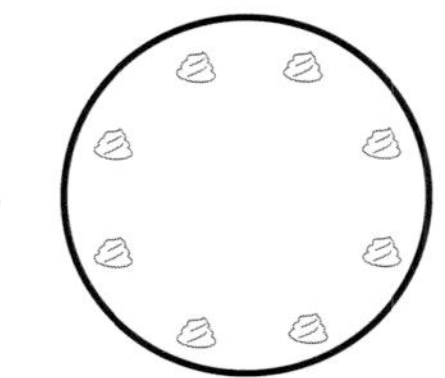

(2) $\frac{3}{6}$

(3) $\frac{3}{8}$

(4) $\frac{8}{10}$

(5) $\frac{5}{12}$

활동 07 보기처럼 그림을 나누고 분수만큼 색칠해 보세요.

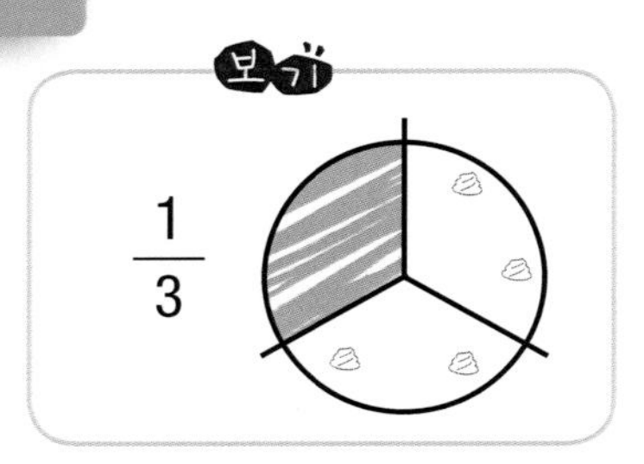

(1) $\frac{2}{4}$

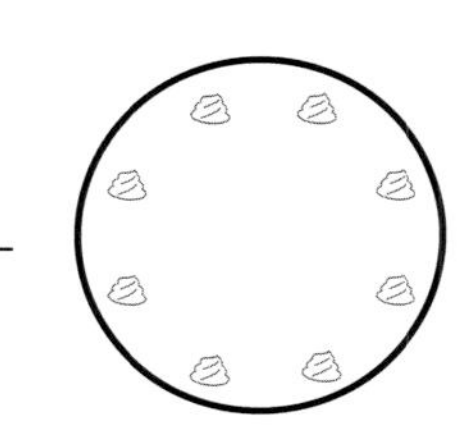

(2) $\frac{1}{3}$

(3) $\frac{3}{4}$

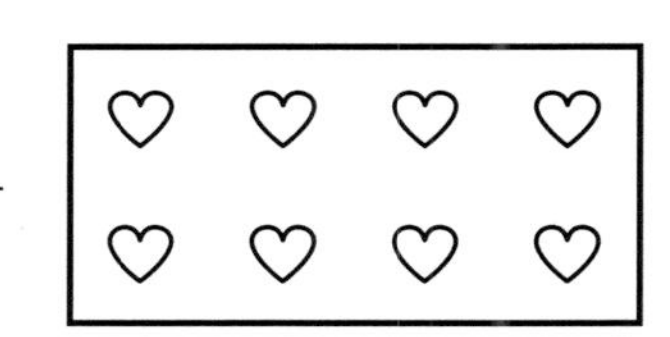

(4) $\frac{4}{5}$

(5) $\frac{3}{4}$

활동 08 보기처럼 도형을 나누고 분수만큼 색칠해 보세요.

보기

$\frac{3}{4}$

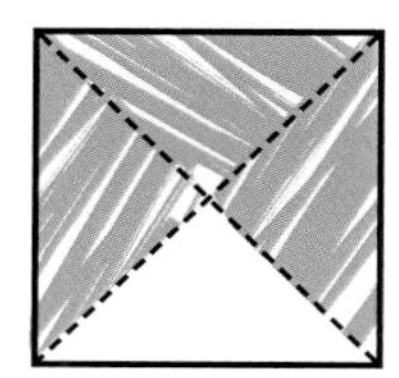

(1) $\frac{1}{6}$

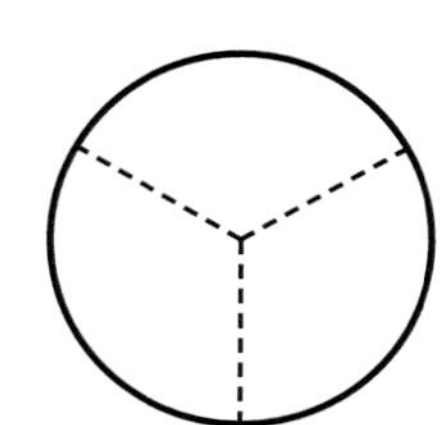

(2) $\frac{5}{8}$

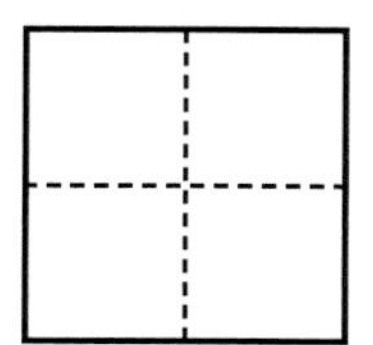

(3) $\frac{3}{10}$

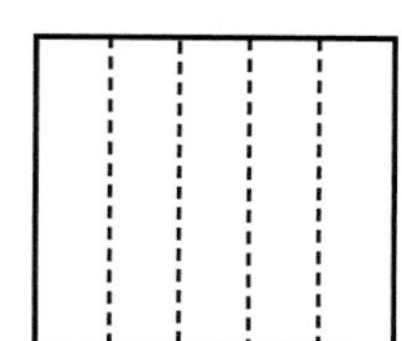

(4) $\frac{9}{12}$

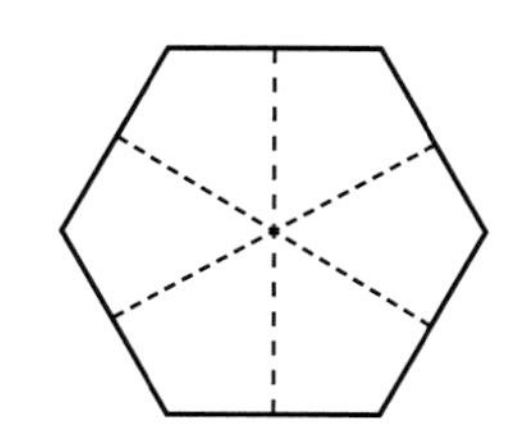

(5) $\frac{7}{16}$

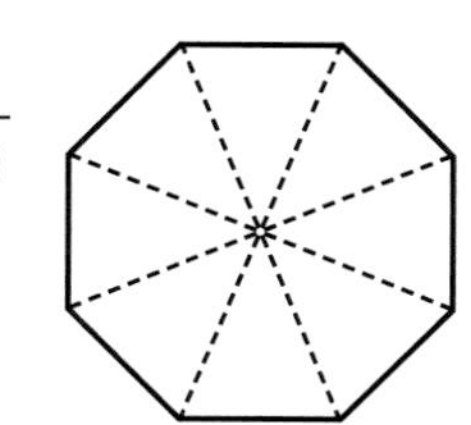

활동 09 보기처럼 나타내어 보세요.

보기

$\frac{2}{4}$

(1)

$\frac{3}{5}$

(2)

$\frac{2}{3}$

(3)

$\frac{2}{6}$

(4)

$\frac{2}{7}$

(5)

$\frac{5}{7}$

6 단계

분수로 나타내기 ②

전체와 부분으로

활동 01 남은 부분과 먹은 부분을 분수로 나타내어 보세요.

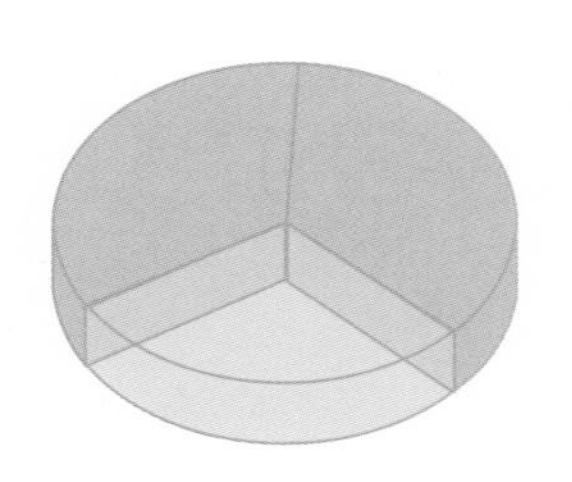

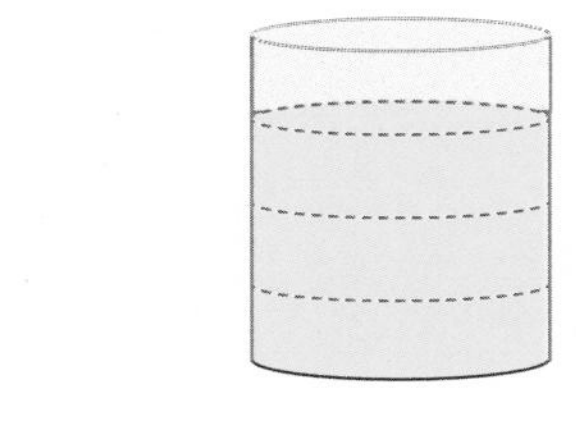

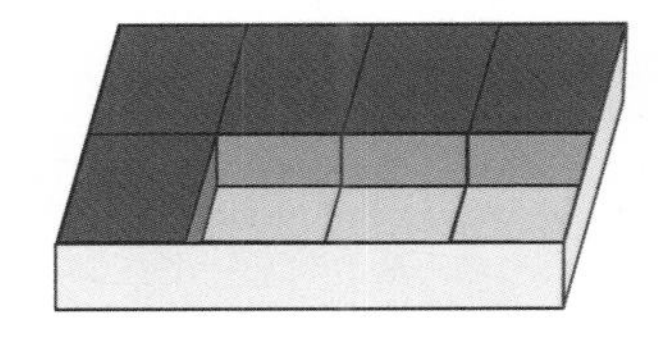

남은 부분 $\frac{\square}{\square}$ 　 남은 부분 $\frac{\square}{\square}$ 　 남은 부분 $\frac{\square}{\square}$

먹은 부분 $\frac{\square}{\square}$ 　 먹은 부분 $\frac{\square}{\square}$ 　 먹은 부분 $\frac{\square}{\square}$

활동 02 색칠한 부분과 색칠하지 않은 부분을 분수로 나타내어 보세요.

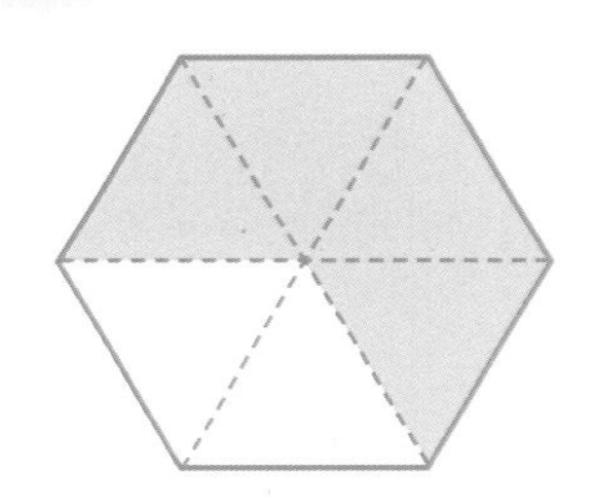

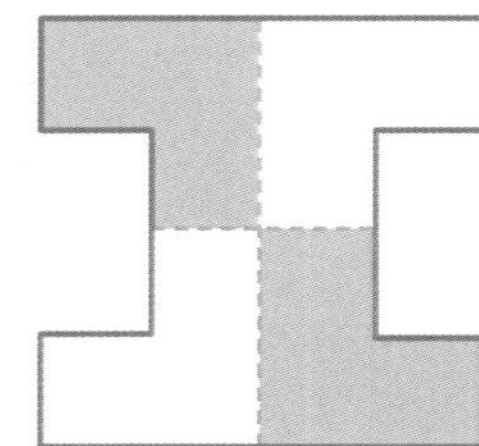

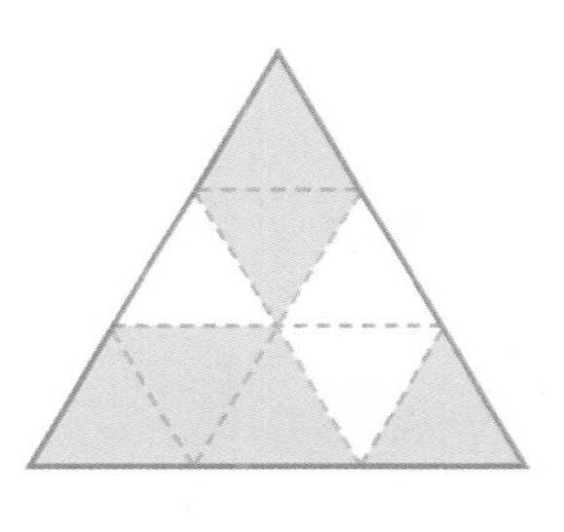

$\frac{4}{6}$ 　 $\frac{\square}{\square}$ 　 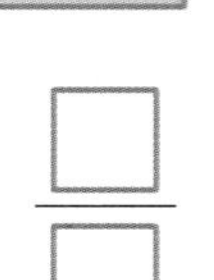 　 $\frac{\square}{\square}$ 　  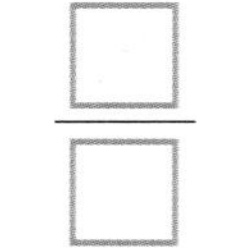

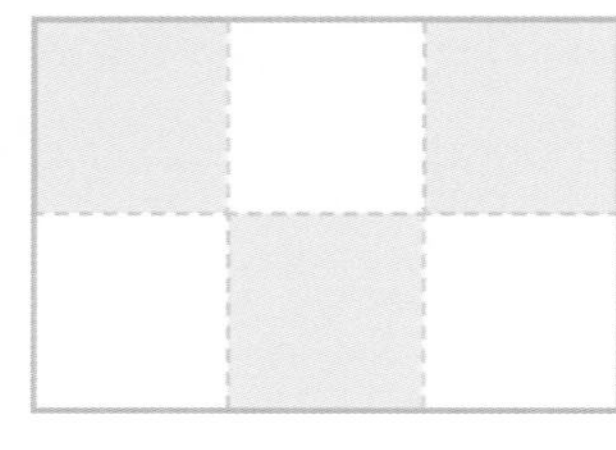

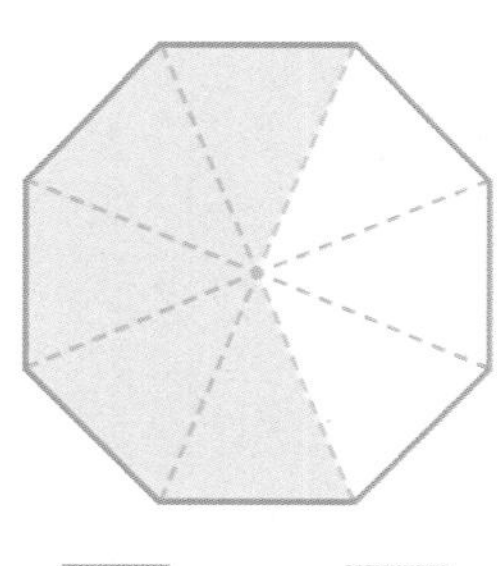

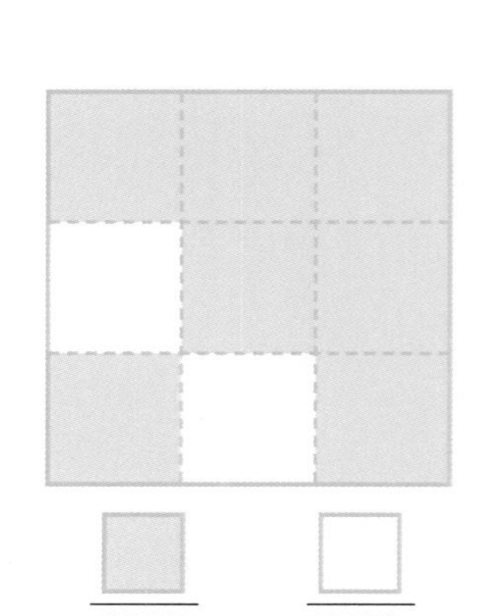

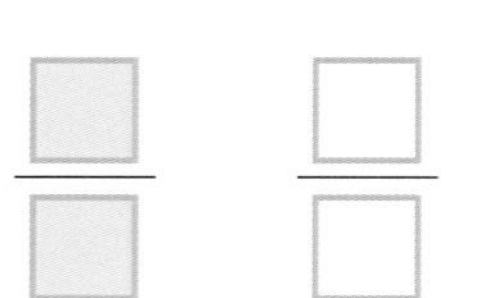

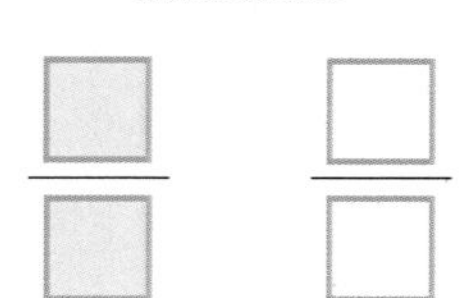

부분을 보고 전체를 그려 보세요.

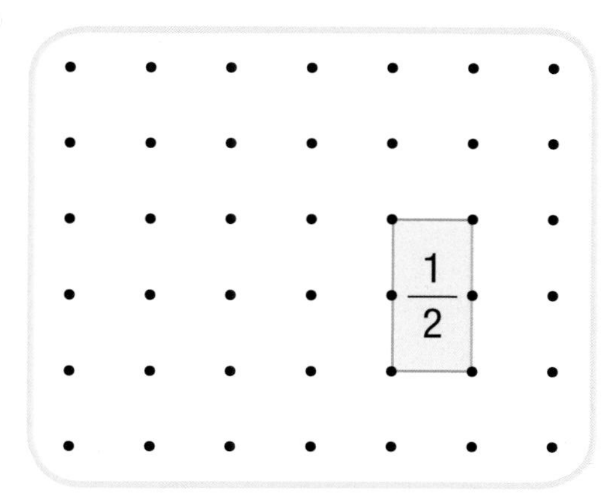

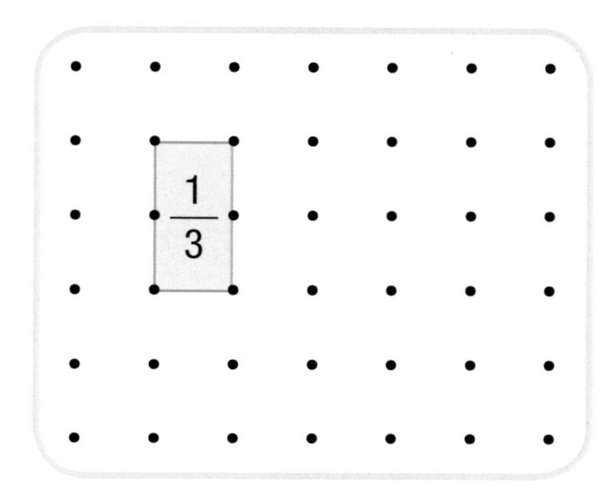

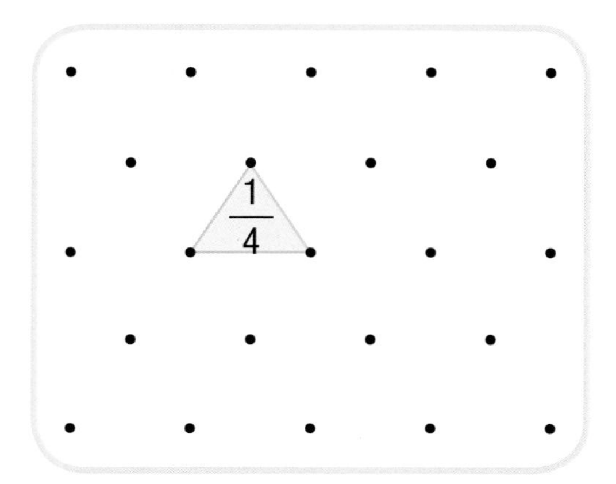

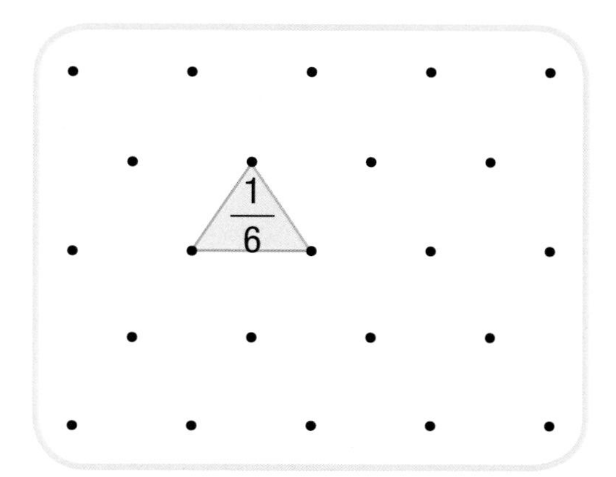

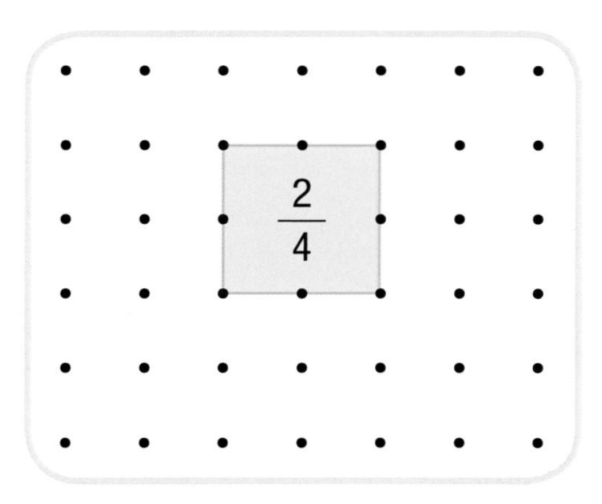

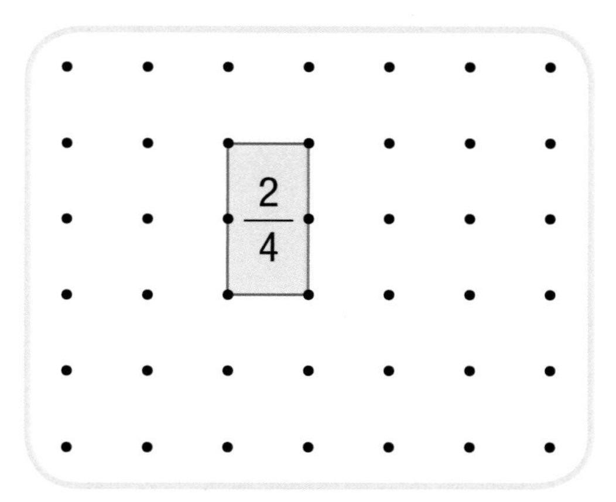

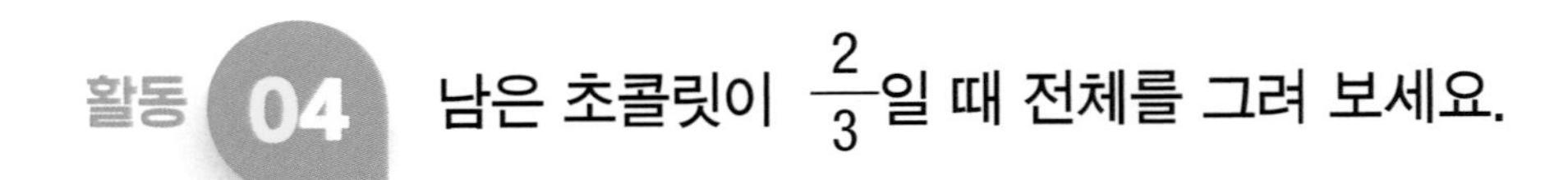

활동 04 남은 초콜릿이 $\frac{2}{3}$일 때 전체를 그려 보세요.

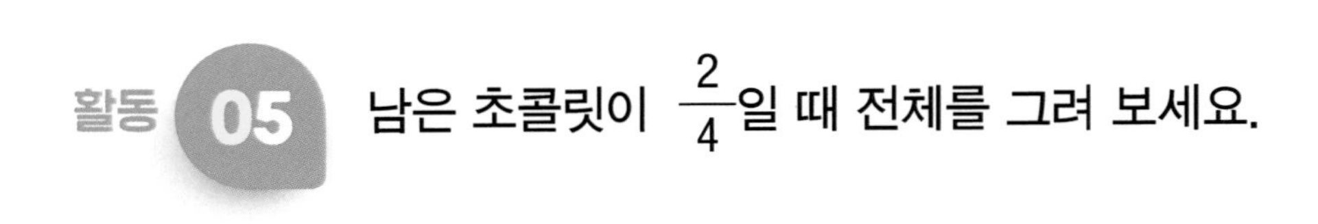

활동 05 남은 초콜릿이 $\frac{2}{4}$일 때 전체를 그려 보세요.

활동 06 남은 초콜릿이 $\frac{3}{5}$일 때 전체를 그려 보세요.

활동 07 남은 초콜릿이 $\frac{4}{6}$일 때 전체를 그려 보세요.

활동 08 남은 초콜릿이 $\frac{5}{8}$일 때 전체를 그려 보세요.

활동 09 직사각형이 $\frac{2}{3}$일 때 전체를 그려 보세요.

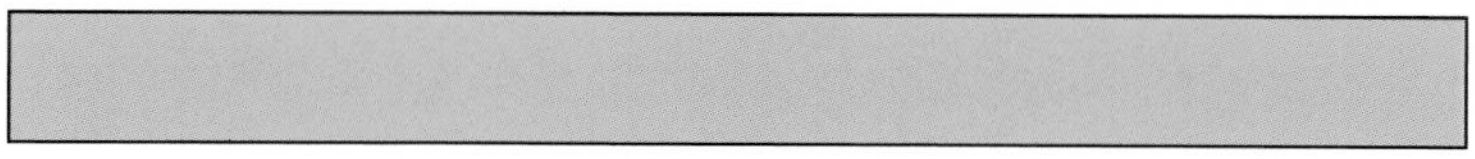

활동 10 직사각형이 $\frac{3}{4}$일 때 전체를 그려 보세요.

활동 11 직사각형이 $\frac{4}{5}$일 때 전체를 그려 보세요.

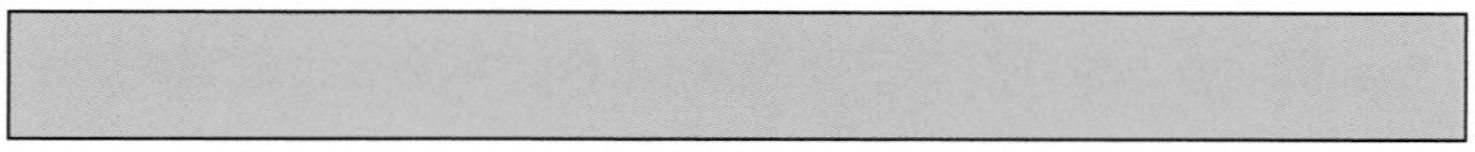

활동 12 직사각형이 $\frac{4}{6}$일 때 전체를 그려 보세요.

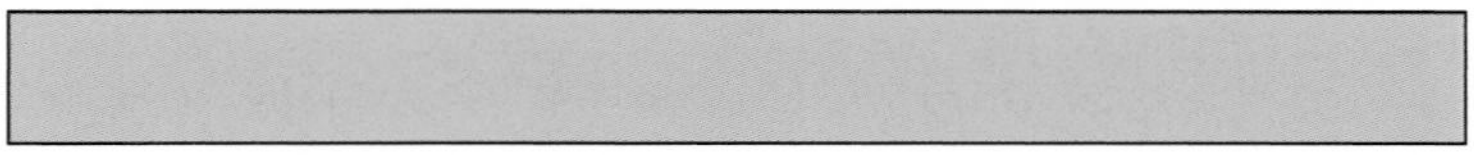

활동 13 직사각형이 $\frac{8}{10}$일 때 전체를 그려 보세요.

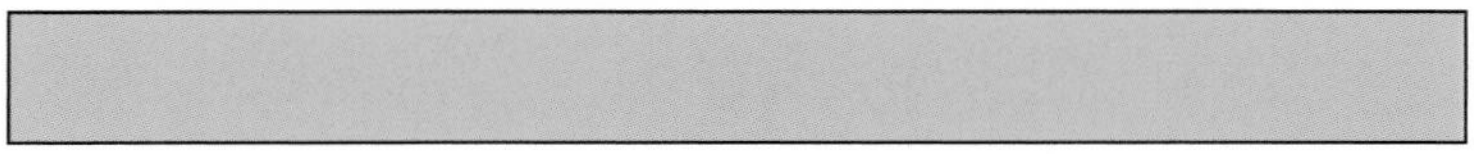

7 단계

5~6단계 활동 다지기

문제 01 분수만큼 색칠해 보세요.

$\frac{7}{10}$ 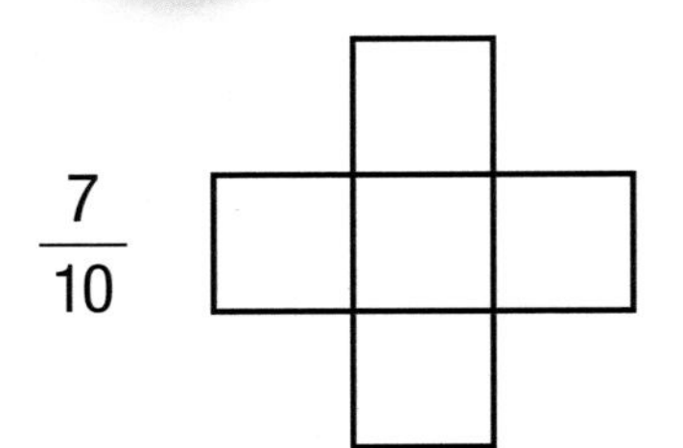 $\frac{1}{2}$ $\frac{2}{3}$ 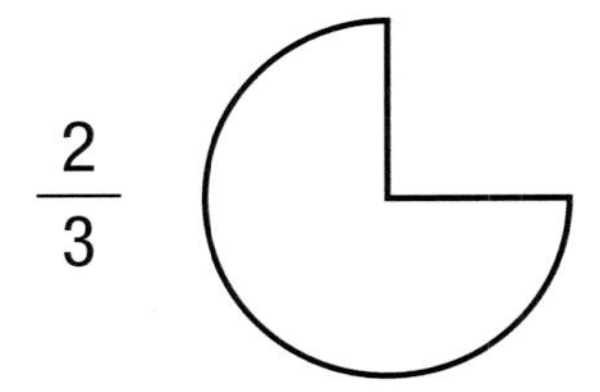

문제 02 그림을 나누고 분수만큼 색칠해 보세요.

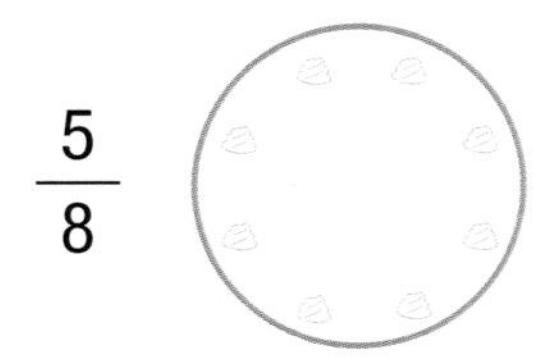 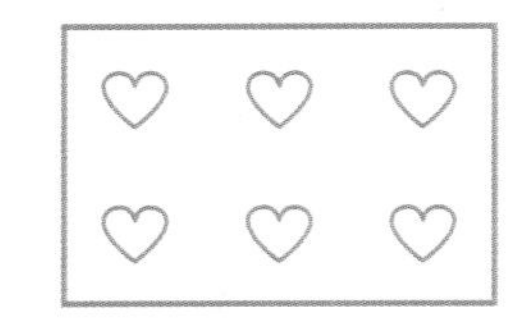 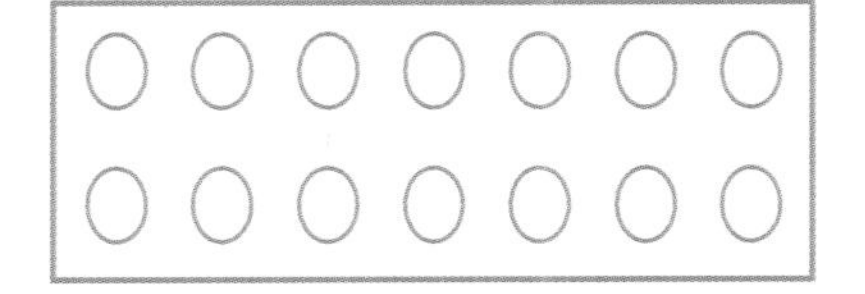

문제 03 도형을 나누고 분수만큼 색칠해 보세요.

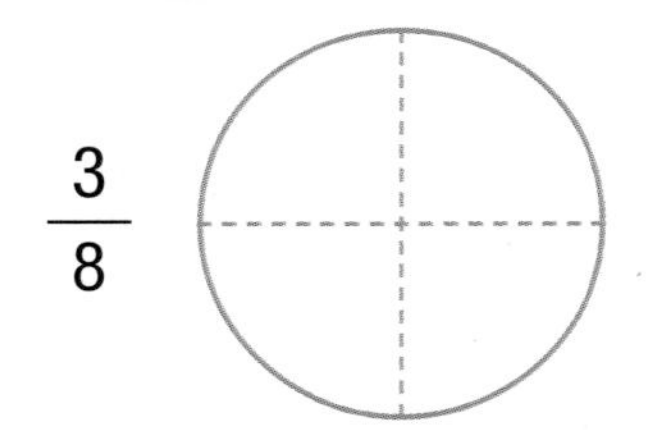 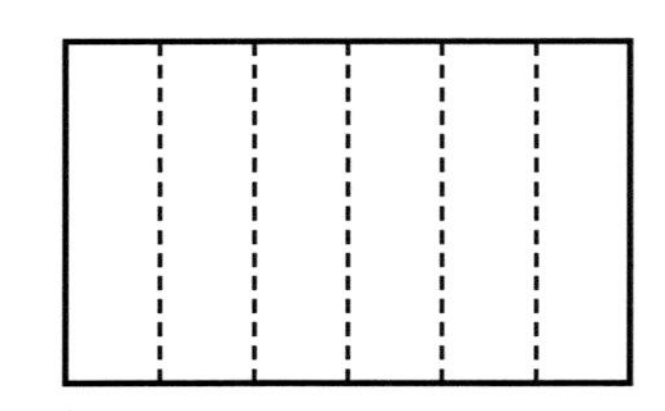 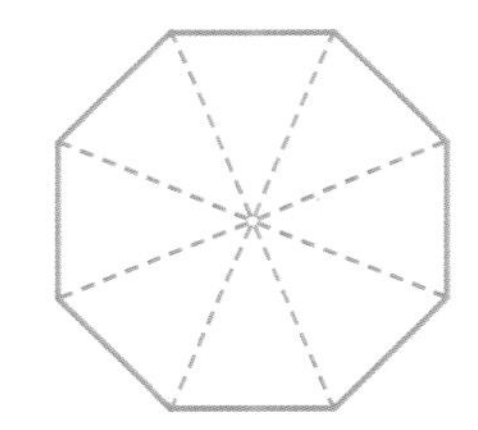

문제 04 그림을 나누고 분수만큼 색칠해 보세요.

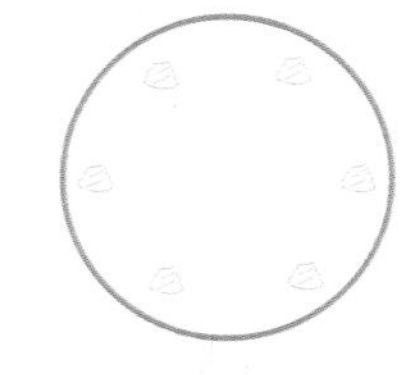 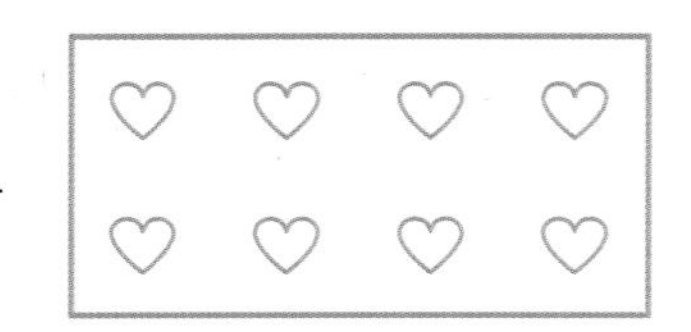 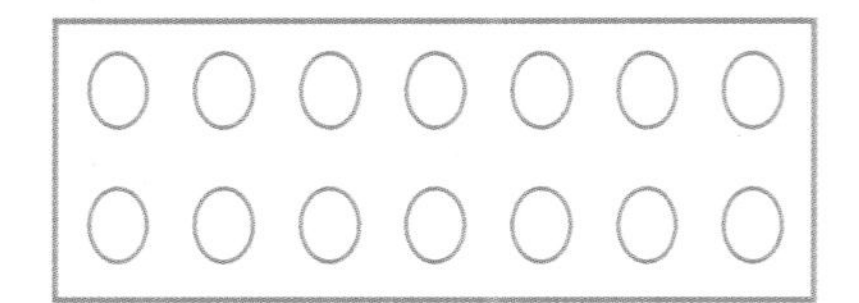

문제 05 색칠한 부분과 색칠하지 않은 부분을 분수로 나타내어 보세요.

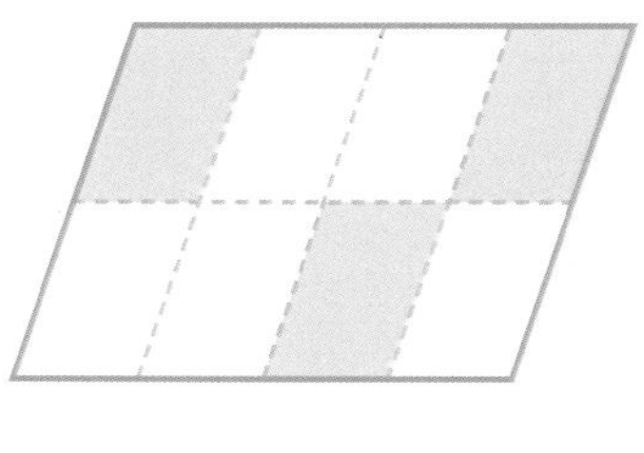
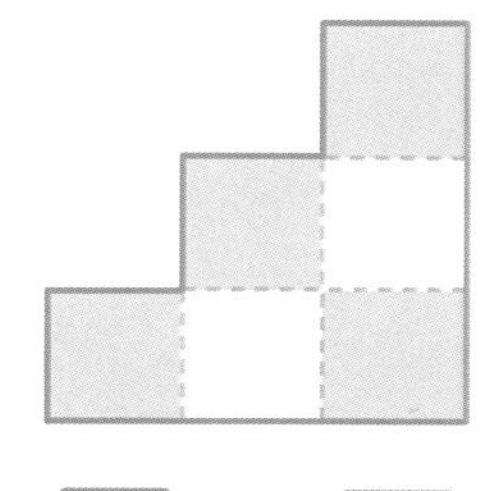
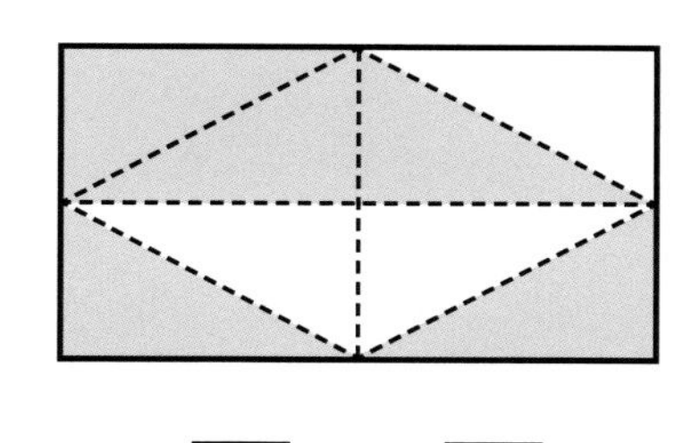

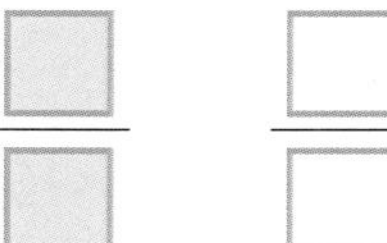
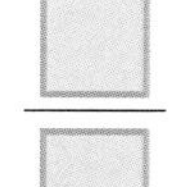

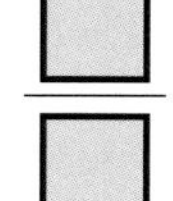
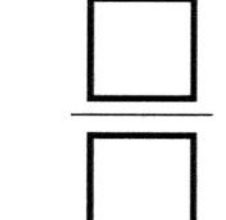

문제 06 부분을 보고 전체를 그려 보세요.

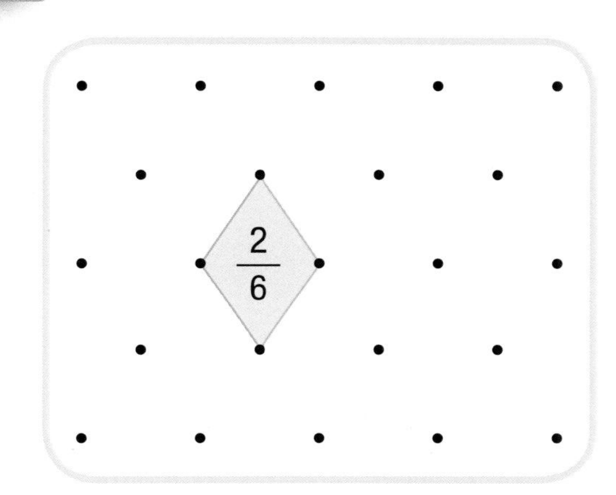

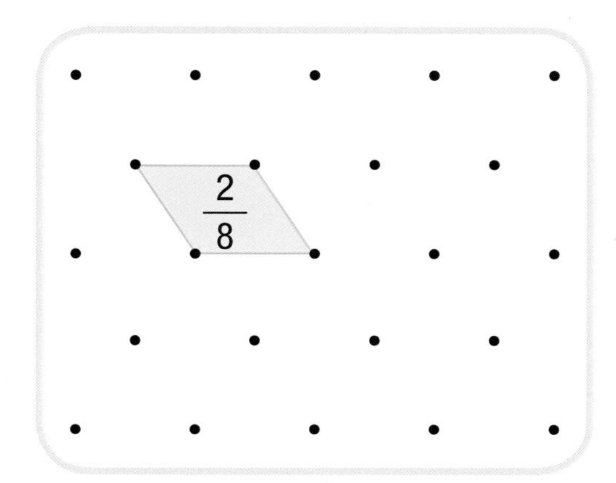

문제 07 남은 초콜릿이 $\frac{3}{7}$일 때 전체를 그려 보세요.

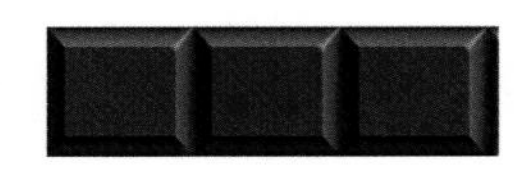

문제 08 직사각형이 $\frac{8}{9}$일 때 전체를 그려 보세요.

8 단계

분수로 나타내기 ③

분자가 1인 분수로

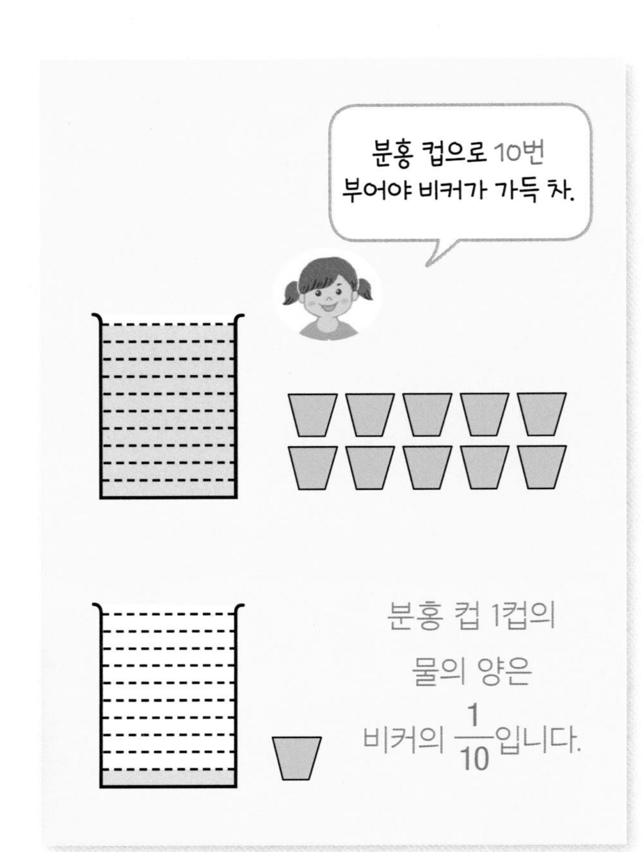
분홍 컵으로 10번
부어야 비커가 가득 차.
분홍 컵 1컵의
물의 양은
비커의 $\frac{1}{10}$입니다.

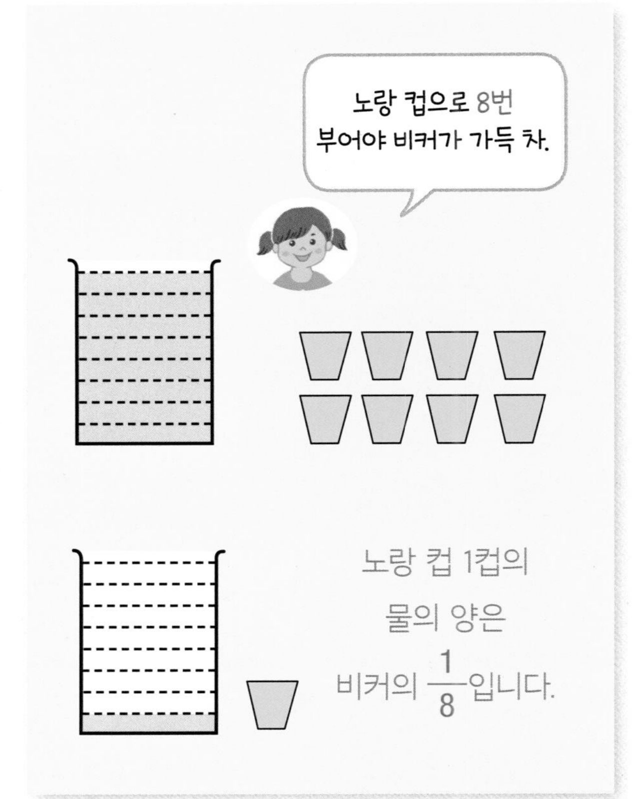
노랑 컵으로 8번
부어야 비커가 가득 차.
노랑 컵 1컵의
물의 양은
비커의 $\frac{1}{8}$입니다.

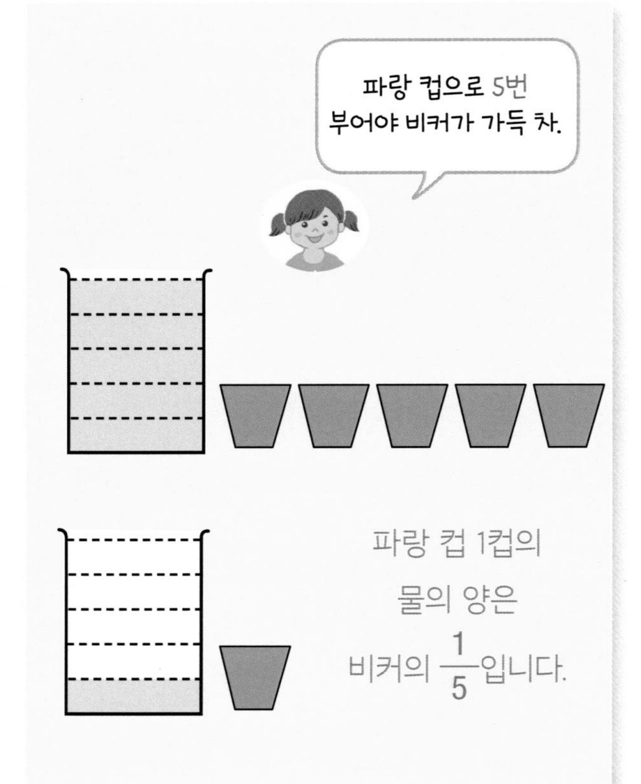
파랑 컵으로 5번
부어야 비커가 가득 차.
파랑 컵 1컵의
물의 양은
비커의 $\frac{1}{5}$입니다.

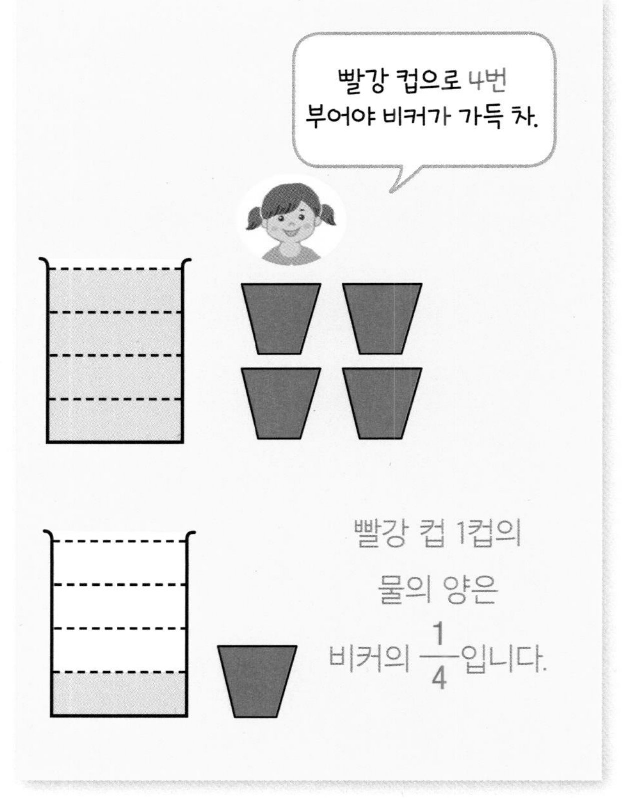
빨강 컵으로 4번
부어야 비커가 가득 차.
빨강 컵 1컵의
물의 양은
비커의 $\frac{1}{4}$입니다.

활동 01 분홍 컵으로 10번 부으면 비커를 가득 채울 수 있습니다. 물의 양을 보기와 같이 색칠하고 분수로 나타내어 보세요.

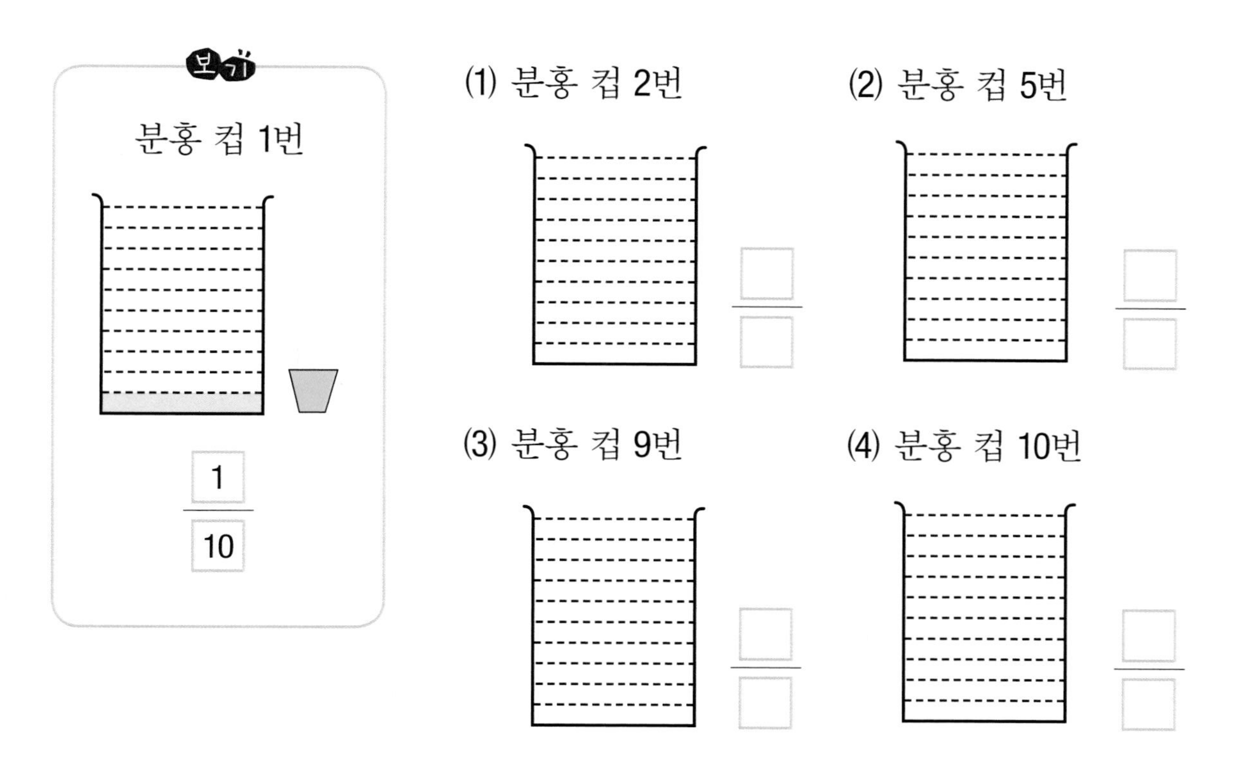

활동 02 노랑 컵으로 8번 부으면 비커를 가득 채울 수 있습니다. 물의 양을 보기와 같이 색칠하고 분수로 나타내어 보세요.

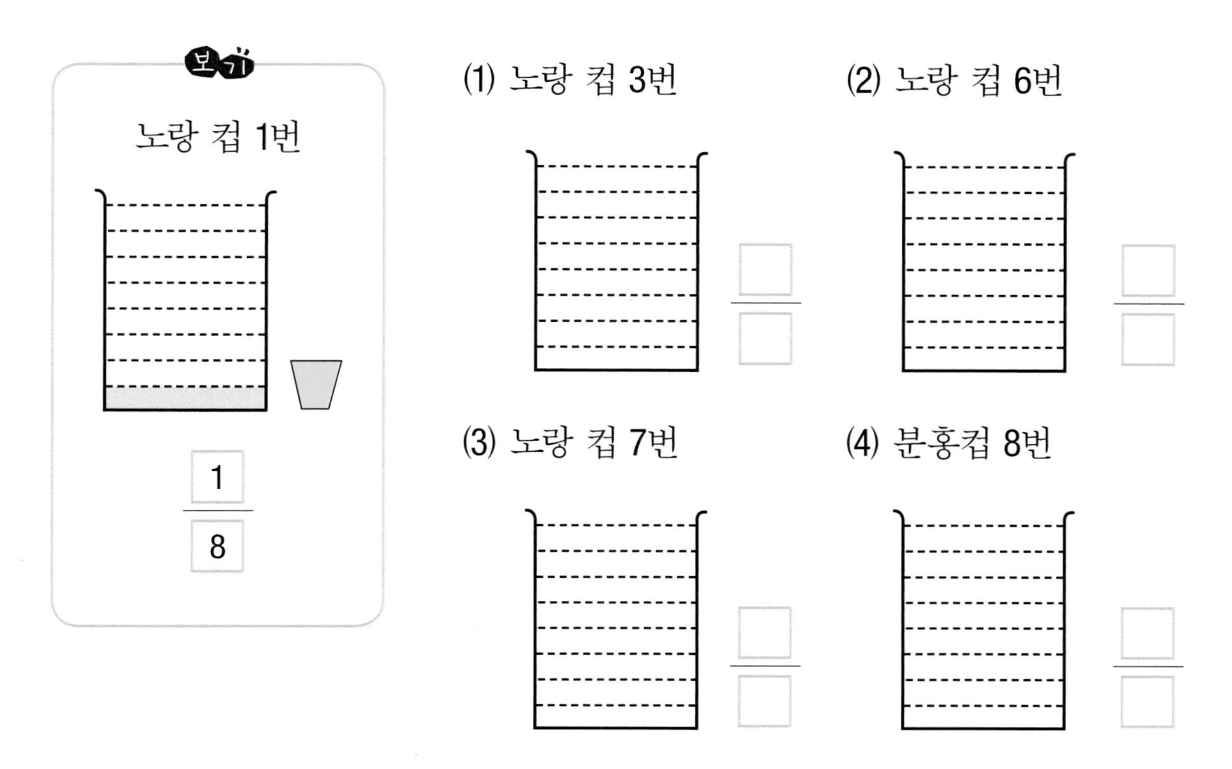

활동 03 파랑 컵으로 5번 부으면 비커를 가득 채울 수 있습니다. 물의 양을 보기와 같이 색칠하고 분수로 나타내어 보세요.

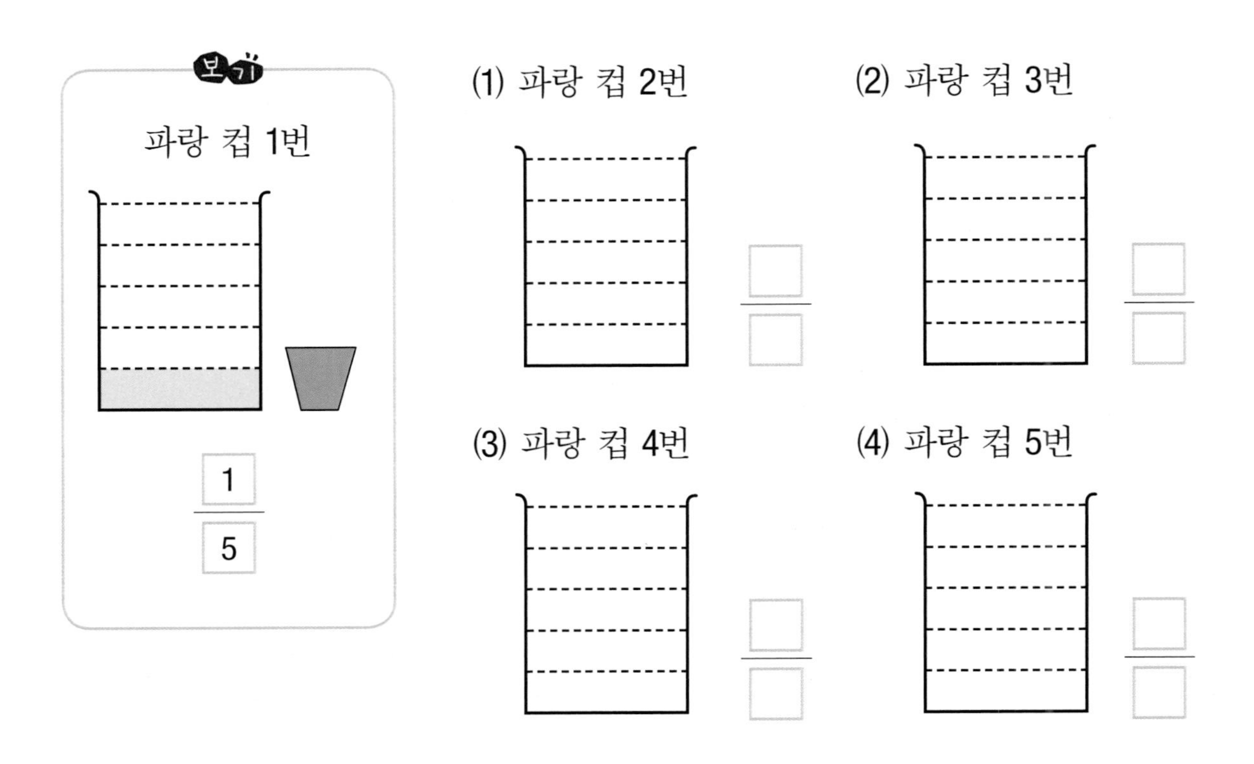

활동 04 빨강 컵으로 4번 부으면 비커를 가득 채울 수 있습니다. 물의 양을 보기와 같이 색칠하고 분수로 나타내어 보세요.

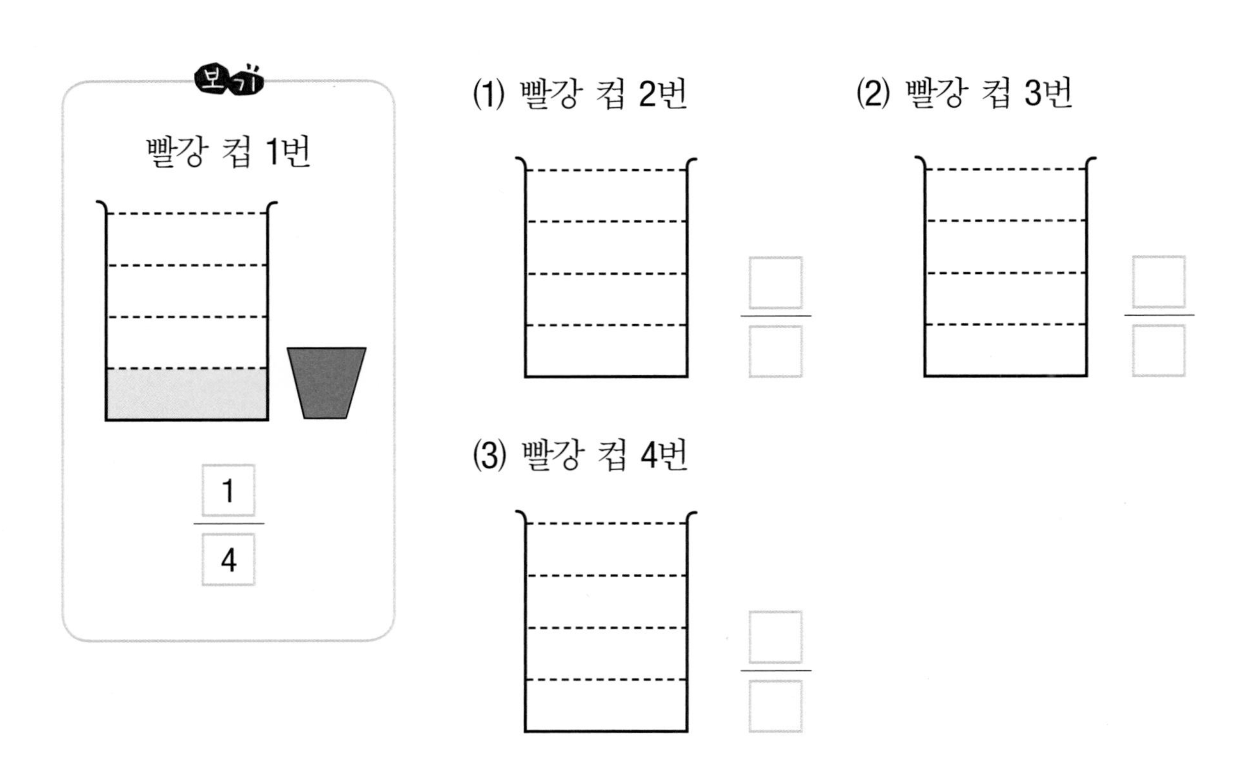

활동 05 3조각이 합쳐지면 피자 한 판이 됩니다. 피자 조각을 분수로 나타내어 보세요.

(1) 두 조각 (2) 세 조각

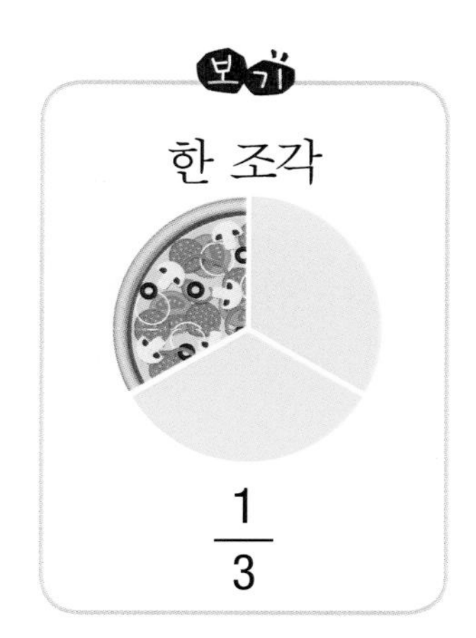

보기

한 조각

$\frac{1}{3}$

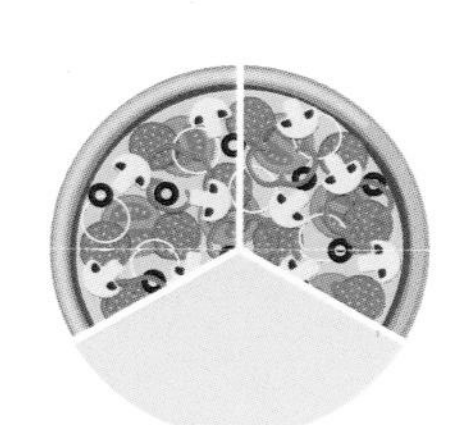

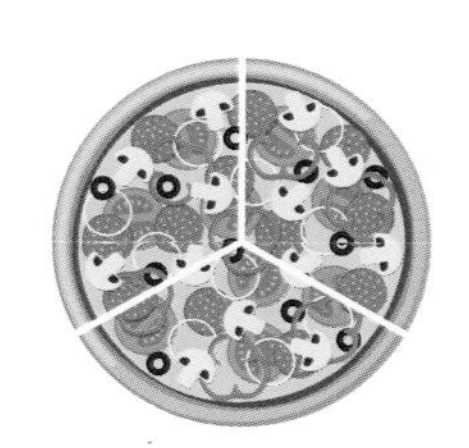

$\frac{\square}{\square}$ $\frac{\square}{\square}$

활동 06 4조각이 합쳐지면 피자 한 판이 됩니다. 피자 조각을 분수로 나타내어 보세요.

(1) 두 조각 (2) 세 조각 (3) 네 조각

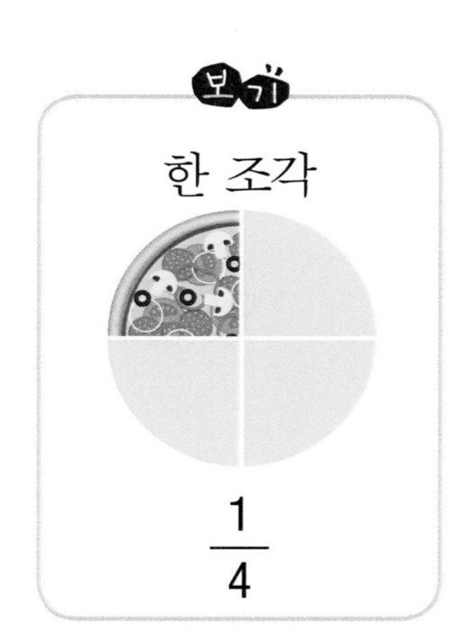

보기

한 조각

$\frac{1}{4}$

$\frac{\square}{\square}$ $\frac{\square}{\square}$ $\frac{\square}{\square}$

활동 07 5조각이 합쳐지면 피자 한 판이 됩니다. 피자 조각을 분수로 나타내어 보세요.

(1) 두 조각 (2) 세 조각 (3) 다섯 조각

보기

한 조각

$\frac{1}{5}$

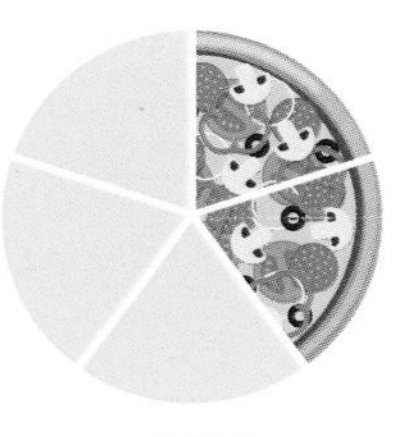

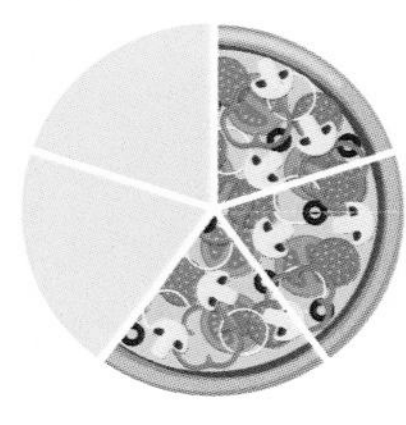

$\frac{\square}{\square}$ $\frac{\square}{\square}$ $\frac{\square}{\square}$

활동 08 6조각이 합쳐지면 피자 한 판이 됩니다. 피자 조각을 분수로 나타내어 보세요.

보기: 한 조각 $\frac{1}{6}$

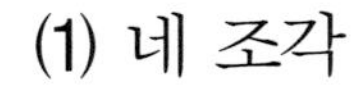

(1) 네 조각 (2) 다섯 조각 (3) 여섯 조각

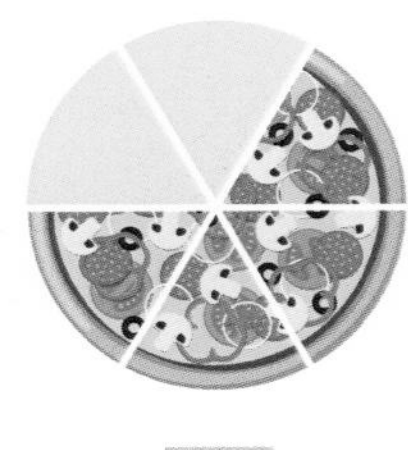

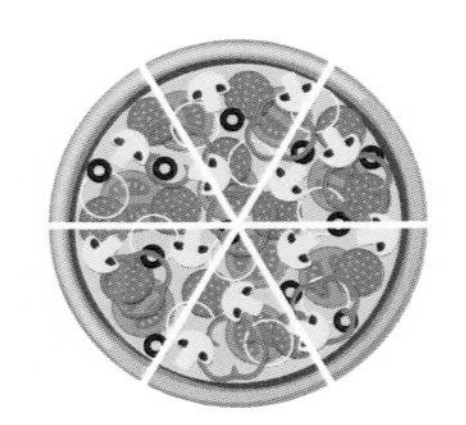

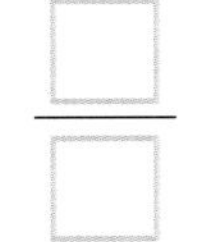

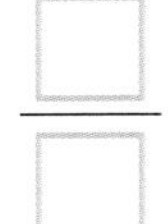

$\frac{\square}{\square}$ $\frac{\square}{\square}$ $\frac{\square}{\square}$

활동 09 8조각이 합쳐지면 피자 한 판이 됩니다. 피자 조각을 분수로 나타내어 보세요.

보기: 한 조각 $\frac{1}{8}$

(1) 세 조각 (2) 다섯 조각 (3) 여덟 조각

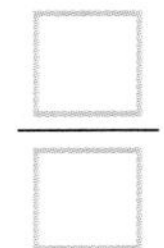

$\frac{\square}{\square}$ $\frac{\square}{\square}$ $\frac{\square}{\square}$

활동 10 10조각이 합쳐지면 피자 한 판이 됩니다. 피자 조각을 분수로 나타내어 보세요.

보기: 한 조각 $\frac{1}{10}$

(1) 세 조각 (2) 다섯 조각 (3) 열 조각

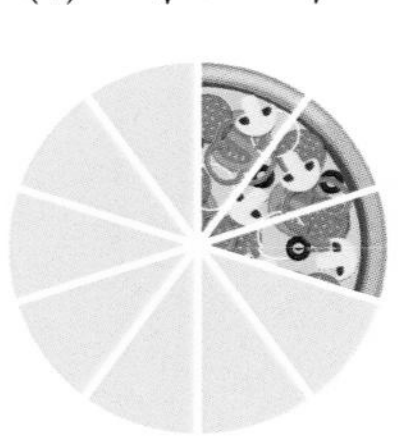

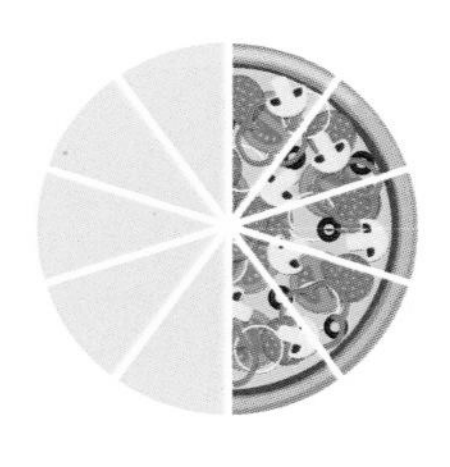

$\frac{\square}{\square}$ $\frac{\square}{\square}$ $\frac{\square}{\square}$

활동 11 □ 안에 알맞은 수를 써넣으세요.

보기

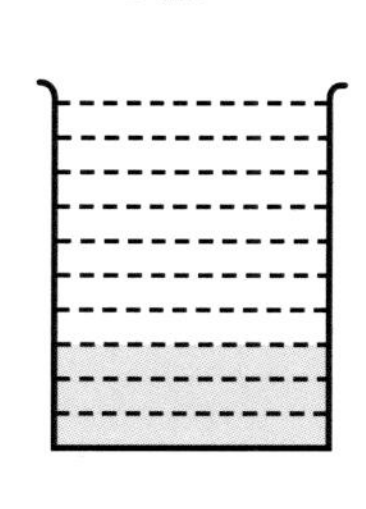

분홍 컵으로 3 번

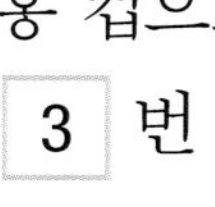

$\frac{1}{10}$ 의 3 배는 $\frac{3}{10}$ 입니다.

(1) 분홍 컵으로 □ 번

$\frac{□}{□}$ 의 □ 배는 $\frac{□}{□}$ 입니다.

(2) 분홍 컵으로 □ 번

$\frac{□}{□}$ 의 □ 배는 $\frac{□}{□}$ 입니다.

(3) 분홍 컵으로 □ 번

$\frac{□}{□}$ 의 □ 배는 $\frac{□}{□}$ 입니다.

(4)

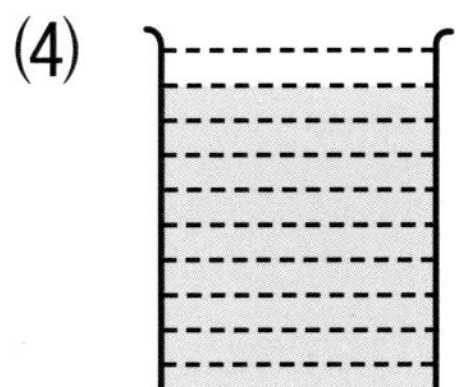

분홍 컵으로 □ 번

$\frac{□}{□}$ 의 □ 배는 $\frac{□}{□}$ 입니다.

(5)

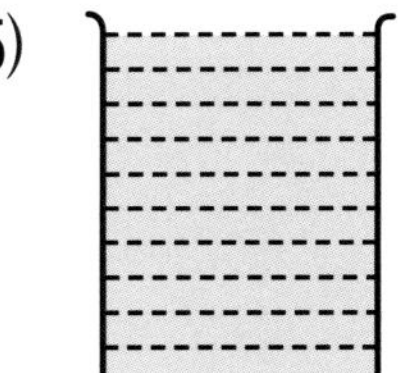

분홍 컵으로 □ 번

$\frac{□}{□}$ 의 □ 배는 $\frac{□}{□}$ 입니다.

활동 12 □ 안에 알맞은 수를 써넣으세요.

보기

노랑 컵으로 [3] 번 $\frac{1}{8}$ 의 [3] 배는 $\frac{3}{8}$ 입니다.

(1) 노랑 컵으로 □ 번 $\frac{\square}{\square}$ 의 □ 배는 $\frac{\square}{\square}$ 입니다.

(2) 노랑 컵으로 □ 번 $\frac{\square}{\square}$ 의 □ 배는 $\frac{\square}{\square}$ 입니다.

(3) 노랑 컵으로 □ 번 $\frac{\square}{\square}$ 의 □ 배는 $\frac{\square}{\square}$ 입니다.

(4) 노랑 컵으로 □ 번 $\frac{\square}{\square}$ 의 □ 배는 $\frac{\square}{\square}$ 입니다.

(5) 노랑 컵으로 □ 번 $\frac{\square}{\square}$ 의 □ 배는 $\frac{\square}{\square}$ 입니다.

활동 13 □ 안에 알맞은 수를 써넣으세요.

보기

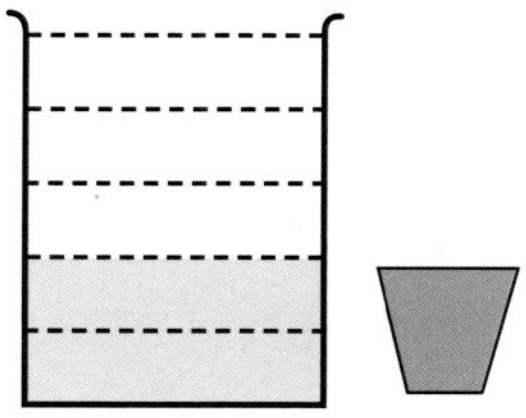

파랑 컵으로 2 번 — $\frac{1}{5}$ 의 2 배는 $\frac{2}{5}$ 입니다.

(1) 파랑 컵으로 □ 번 — $\frac{\square}{\square}$ 의 □ 배는 $\frac{\square}{\square}$ 입니다.

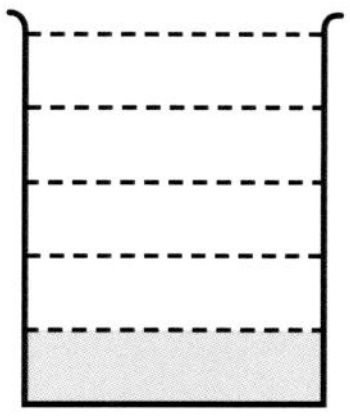

(2) 파랑 컵으로 □ 번 — $\frac{\square}{\square}$ 의 □ 배는 $\frac{\square}{\square}$ 입니다.

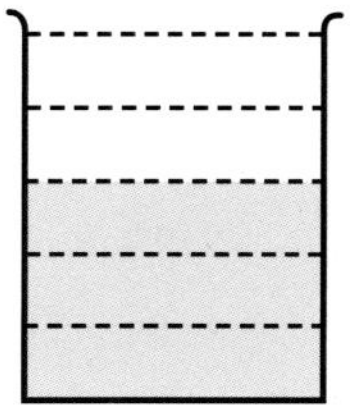

(3) 파랑 컵으로 □ 번 — $\frac{\square}{\square}$ 의 □ 배는 $\frac{\square}{\square}$ 입니다.

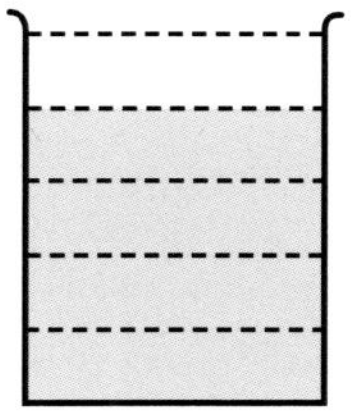

(4) 파랑 컵으로 □ 번 — $\frac{\square}{\square}$ 의 □ 배는 $\frac{\square}{\square}$ 입니다.

분수를 $\frac{1}{\square}$ 의 □배로 나타낼 수 있구나!

그렇구나. 지금까지 분수는 전체와 부분으로만 나타내는 줄 알았어.

활동 14 □ 안에 알맞은 수를 써넣으세요.

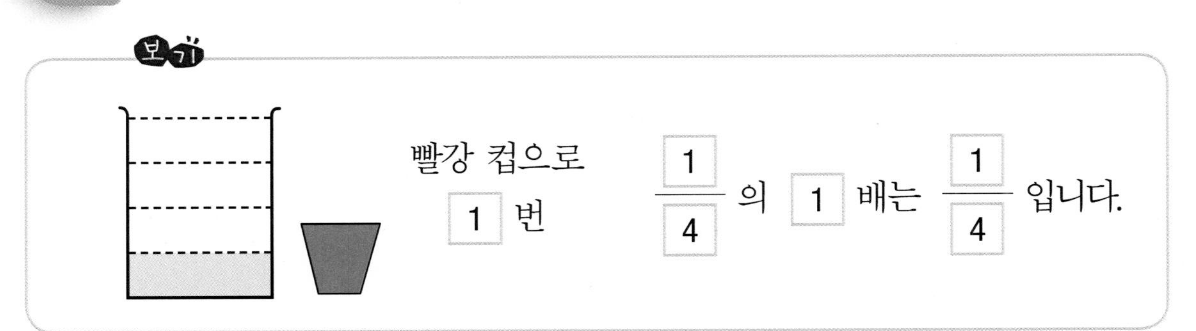

(1) 

빨강 컵으로 □ 번

$\frac{\square}{\square}$ 의 □ 배는 $\frac{\square}{\square}$ 입니다.

(2)

빨강 컵으로 □ 번

$\frac{\square}{\square}$ 의 □ 배는 $\frac{\square}{\square}$ 입니다.

(3)

빨강 컵으로 □ 번

$\frac{\square}{\square}$ 의 □ 배는 $\frac{\square}{\square}$ 입니다.

핵심 콕! 콕!

분수로 나타내기(2)-분자가 1인 분수로

분수를 $\frac{1}{\square}$의 □ 배로 나타낼 수 있습니다.

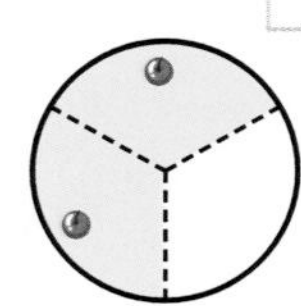

$\frac{1}{3}$의 2배는 $\frac{2}{3}$입니다.

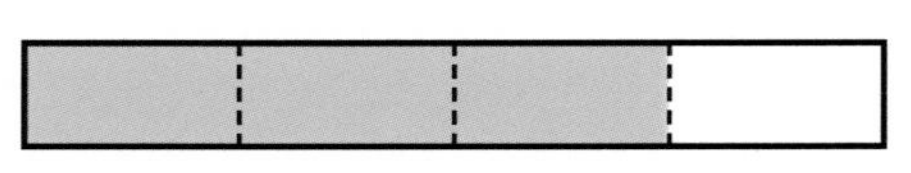

$\frac{1}{4}$의 3배는 $\frac{3}{4}$입니다.

활동 15 □ 안에 알맞은 수를 써넣으세요.

보기

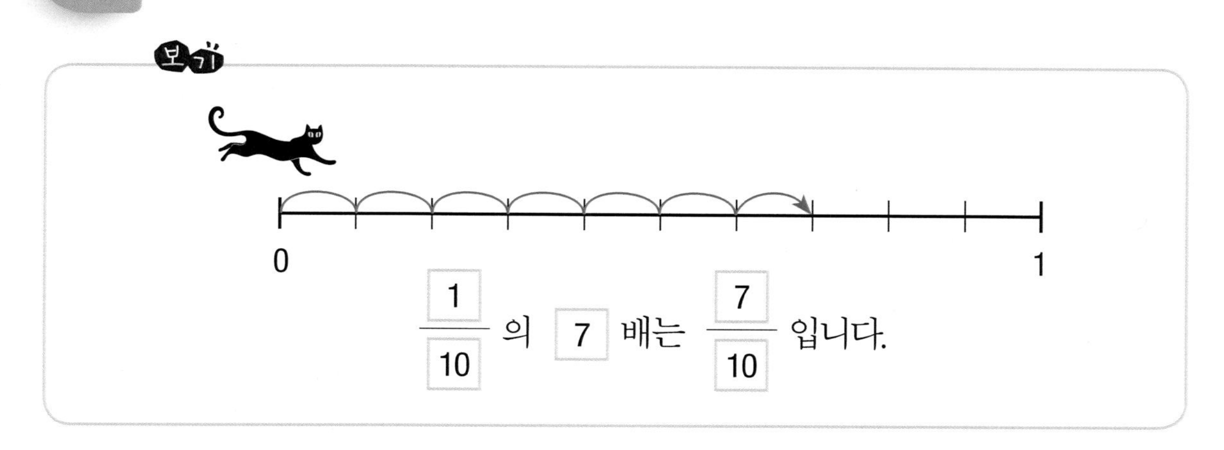

$\frac{1}{10}$ 의 7 배는 $\frac{7}{10}$ 입니다.

(1)

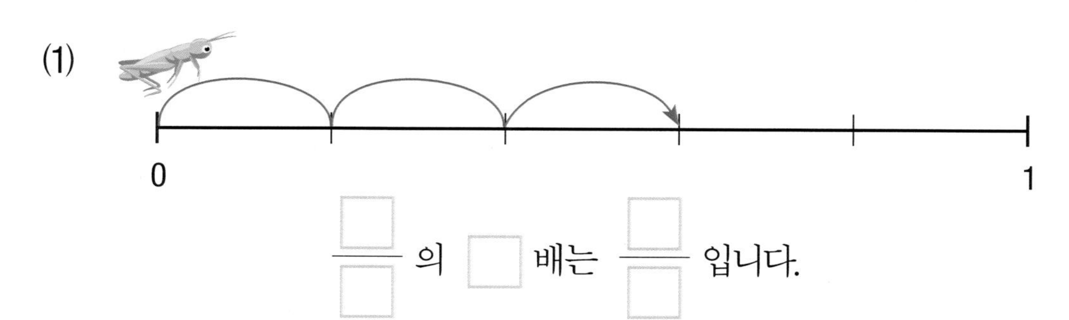

$\frac{\square}{\square}$ 의 □ 배는 $\frac{\square}{\square}$ 입니다.

(2)

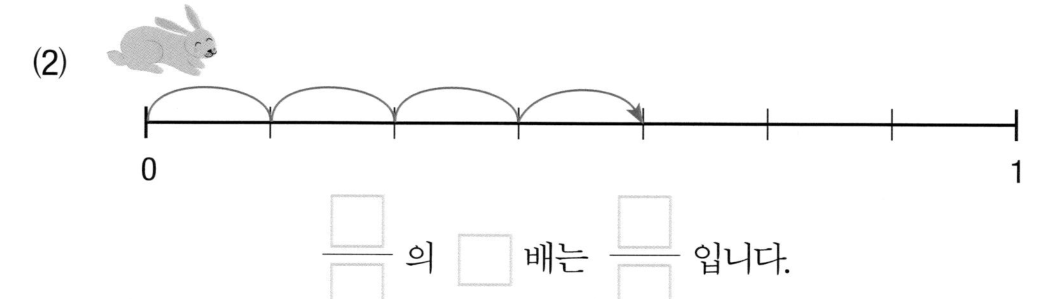

$\frac{\square}{\square}$ 의 □ 배는 $\frac{\square}{\square}$ 입니다.

(3)

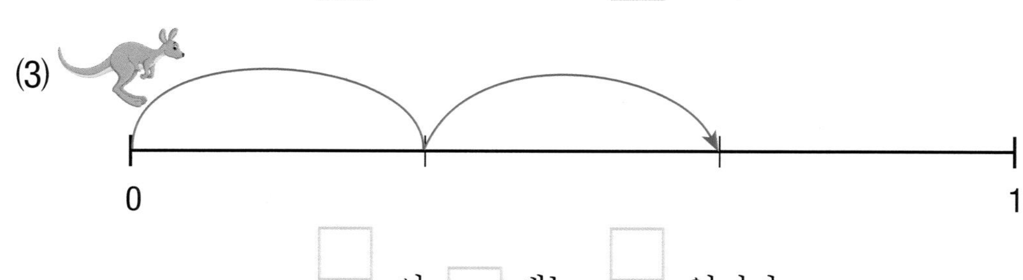

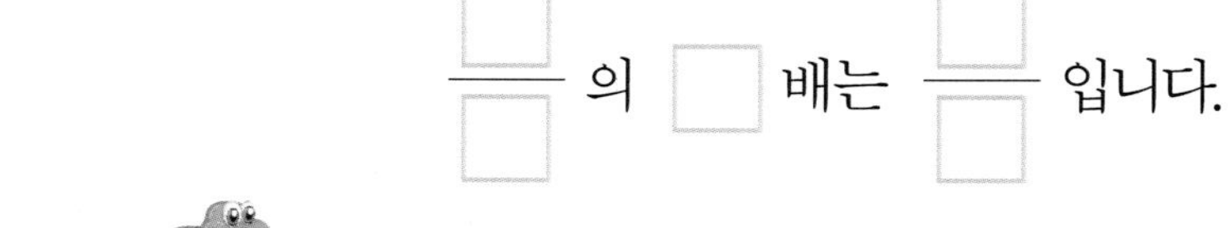

$\frac{\square}{\square}$ 의 □ 배는 $\frac{\square}{\square}$ 입니다.

(4)

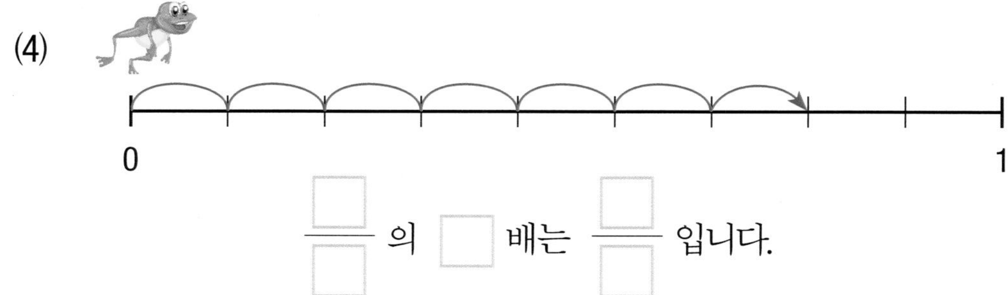

$\frac{\square}{\square}$ 의 □ 배는 $\frac{\square}{\square}$ 입니다.

활동 16 □ 안에 알맞은 수를 써넣으세요.

보기

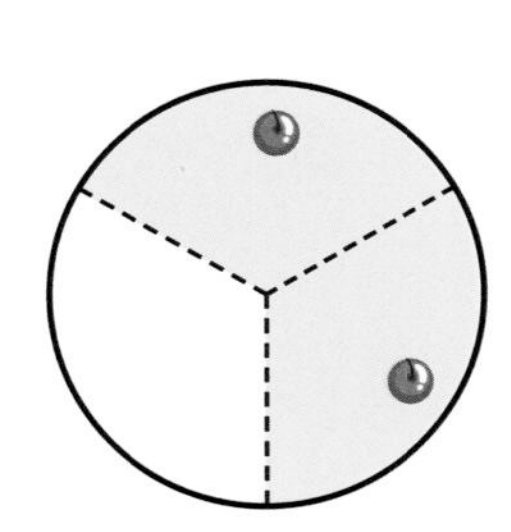

$\frac{1}{3}$ 의 2 배는 $\frac{2}{3}$ 입니다.

(1)

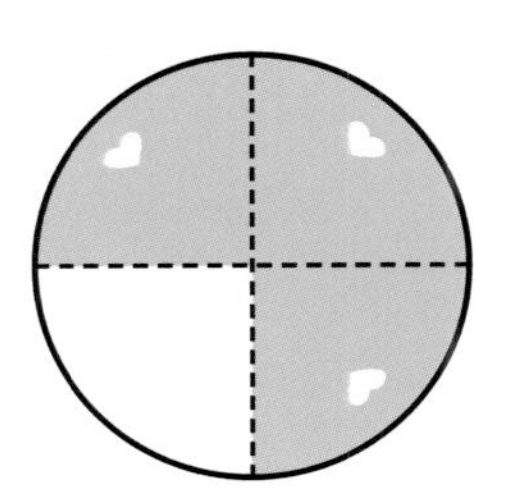

$\frac{\square}{\square}$ 의 □ 배는 $\frac{\square}{\square}$ 입니다.

(2)

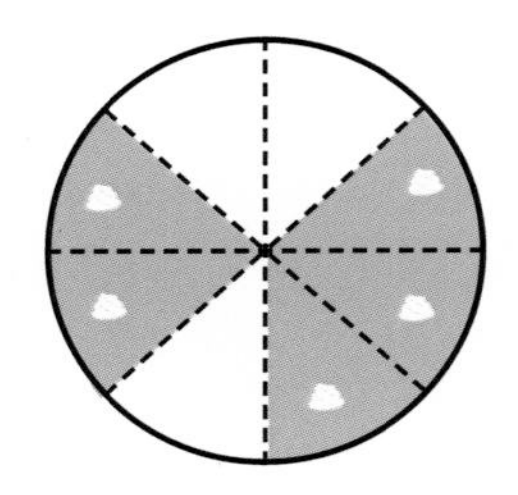

$\frac{\square}{\square}$ 의 □ 배는 $\frac{\square}{\square}$ 입니다.

(3)

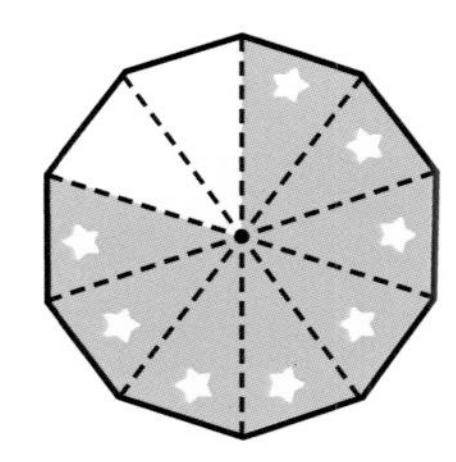

$\frac{\square}{\square}$ 의 □ 배는 $\frac{\square}{\square}$ 입니다.

(4)

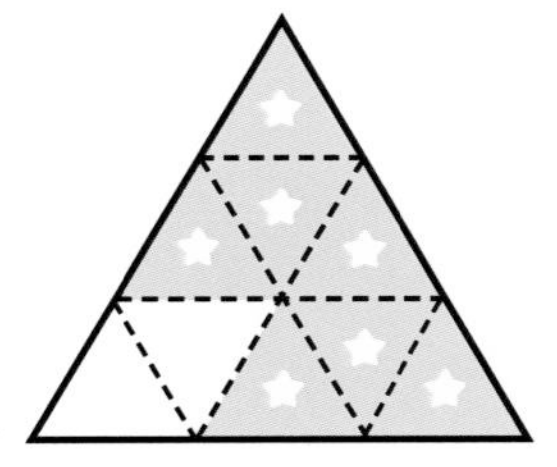

$\frac{\square}{\square}$ 의 □ 배는 $\frac{\square}{\square}$ 입니다.

(5)

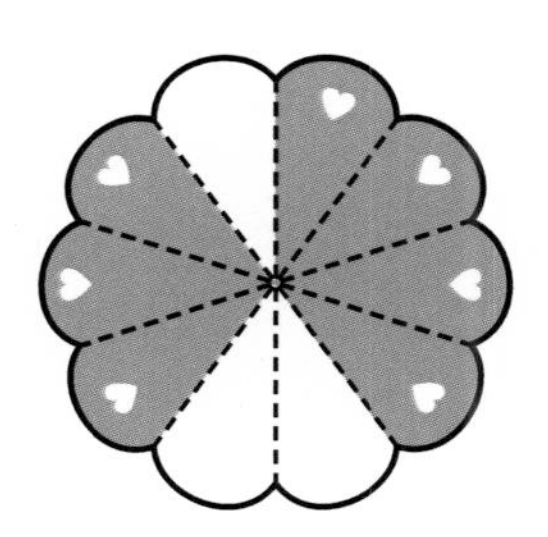

$\frac{\square}{\square}$ 의 □ 배는 $\frac{\square}{\square}$ 입니다.

활동 17 □ 안에 알맞은 수를 써넣으세요.

보기

$\frac{1}{3}$ 의 2 배는 $\frac{2}{3}$ 입니다.

(1) $\frac{\square}{\square}$ 의 □ 배는 $\frac{\square}{\square}$ 입니다.

(2) $\frac{\square}{\square}$ 의 □ 배는 $\frac{\square}{\square}$ 입니다.

(3) $\frac{\square}{\square}$ 의 □ 배는 $\frac{\square}{\square}$ 입니다.

(4) $\frac{\square}{\square}$ 의 □ 배는 $\frac{\square}{\square}$ 입니다.

(5) $\frac{\square}{\square}$ 의 □ 배는 $\frac{\square}{\square}$ 입니다.

9 단계

분수로 나타내기 ④

분자가 1인 분수로

활동 01 1에 도착하기 위해 얼마만큼 더 가야 하는지 분수로 나타내어 보세요.

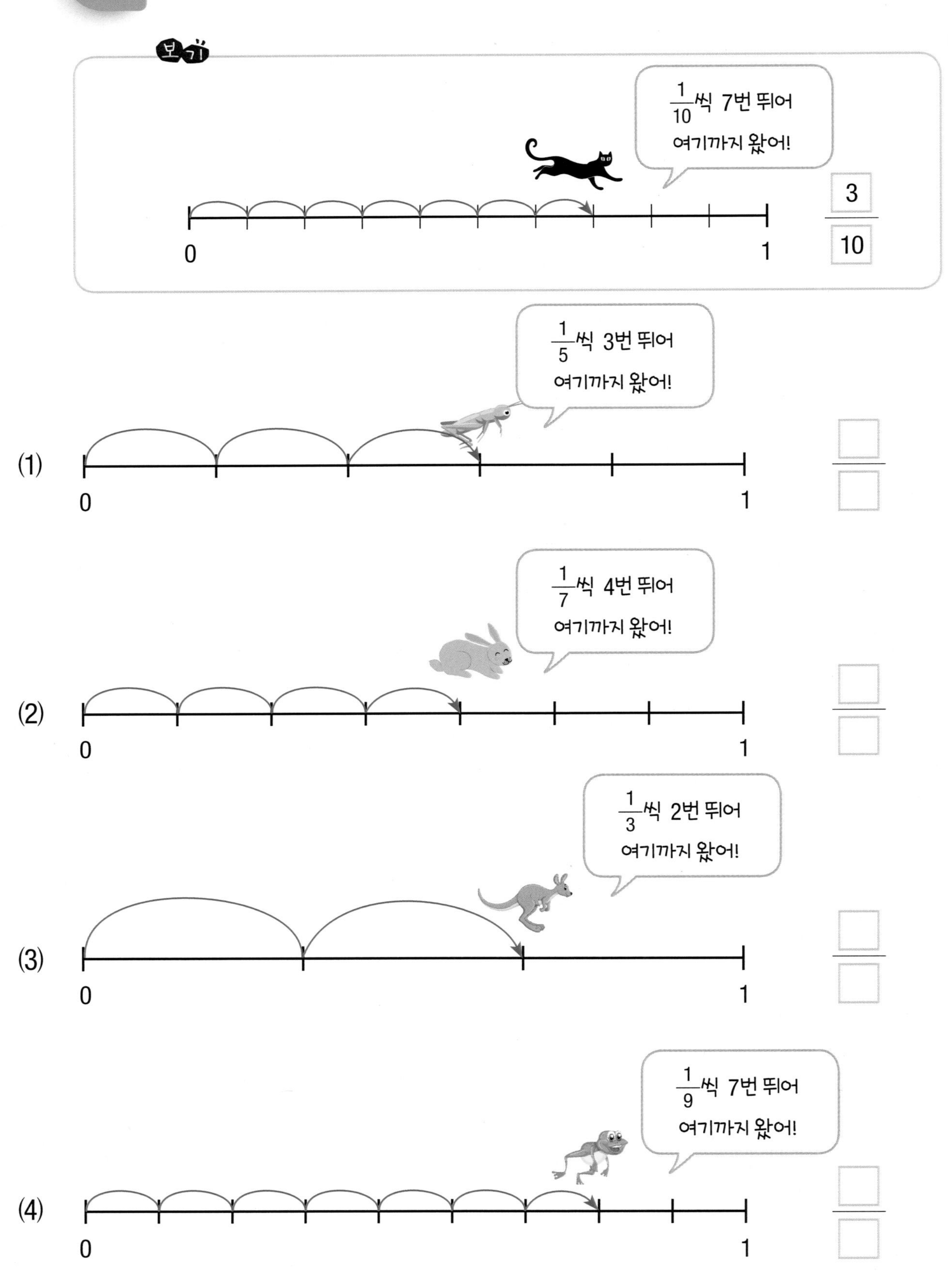

활동 02 노랑 컵으로 8번 부으면 가득 채워지는 비커가 있습니다. □ 안에 알맞은 수를 써넣으세요.

보기

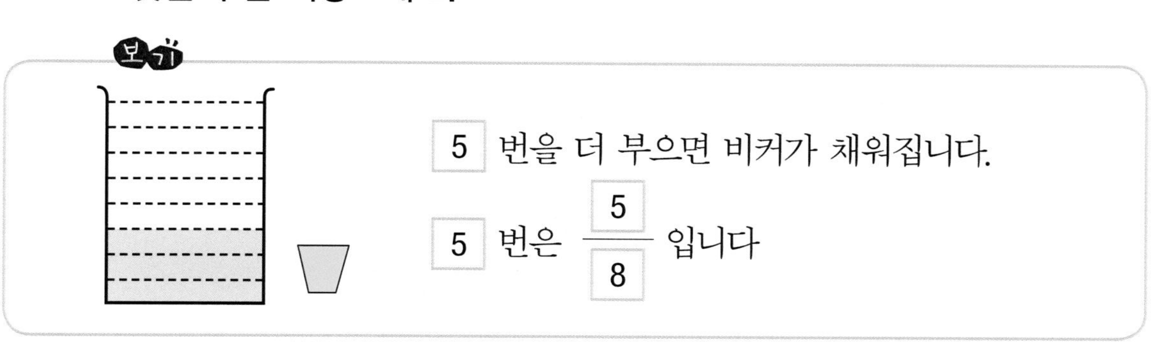

(1)

□ 번을 더 부으면 비커가 채워집니다.

□ 번은 □/□ 입니다

(2)

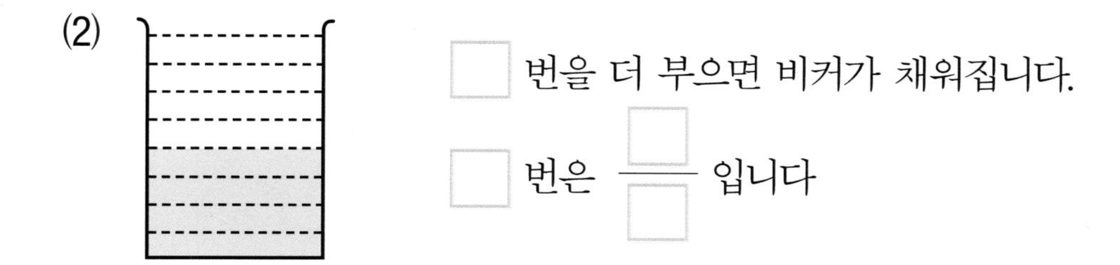

(3)

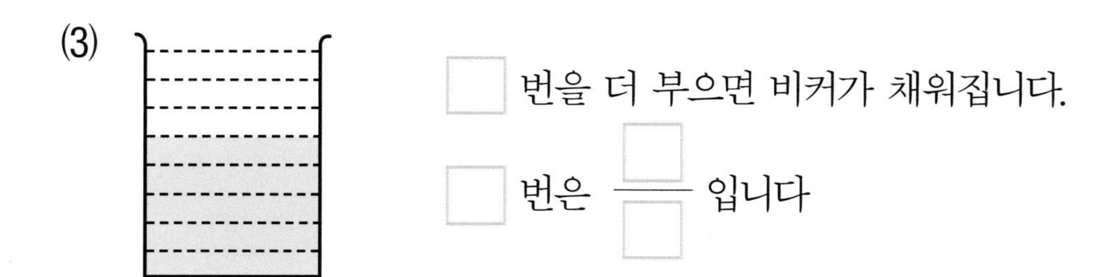

(4)

□ 번을 더 부으면 비커가 채워집니다.

□ 번은 □/□ 입니다

활동 03 □ 안에 알맞은 수를 써넣으세요.

보기

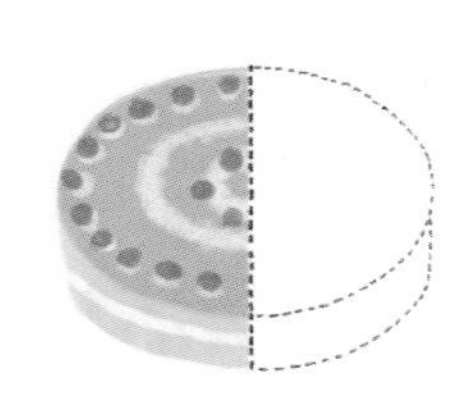

2 조각을 모으면 케이크 하나가 됩니다.

한 조각은 $\frac{1}{2}$ 입니다.

(1)

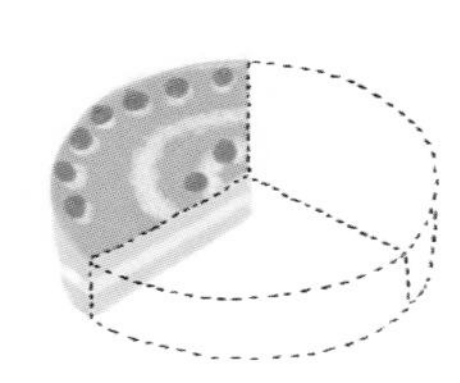

□ 조각을 모으면 케이크 하나가 됩니다.

한 조각은 $\frac{\square}{\square}$ 입니다.

(2)

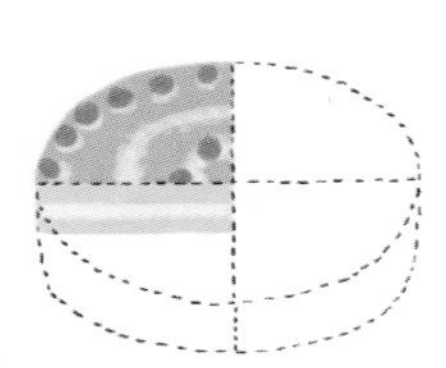

□ 조각을 모으면 케이크 하나가 됩니다.

한 조각은 $\frac{\square}{\square}$ 입니다.

(3)

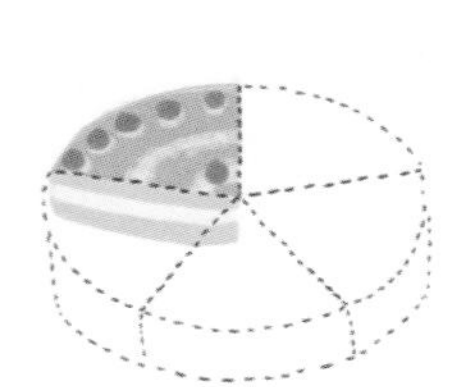

□ 조각을 모으면 케이크 하나가 됩니다.

한 조각은 $\frac{\square}{\square}$ 입니다.

(4)

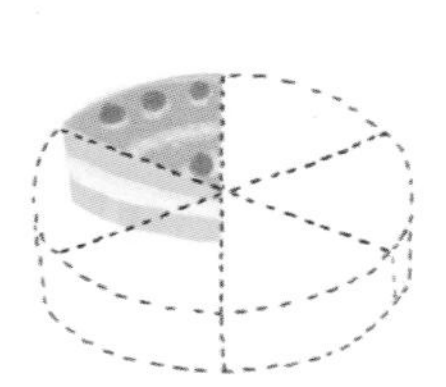

□ 조각을 모으면 케이크 하나가 됩니다.

한 조각은 $\frac{\square}{\square}$ 입니다.

활동 04 □ 안에 알맞은 수를 써넣으세요.

(1) 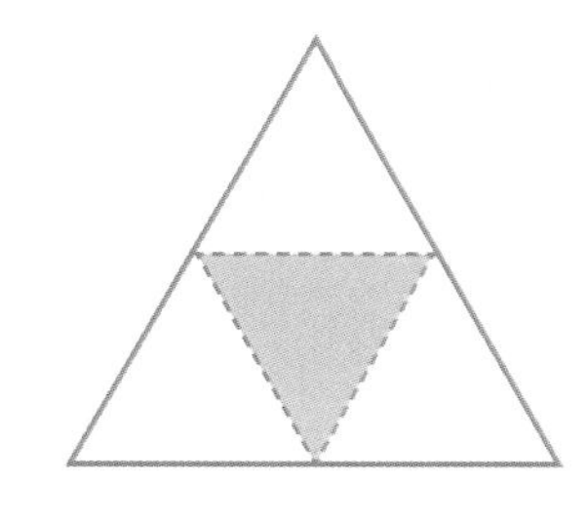

색칠한 조각 □ 개를 모으면 전체 도형이 됩니다.

색칠한 한 조각은 $\frac{\square}{\square}$ 입니다.

(2) 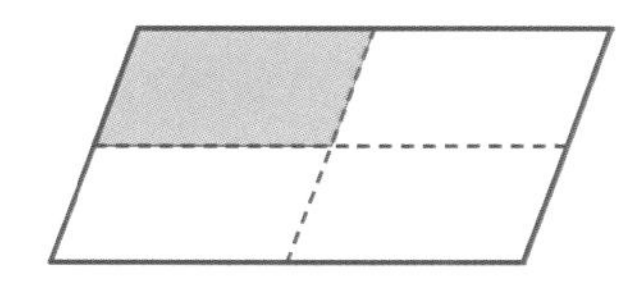

색칠한 조각 □ 개를 모으면 전체 도형이 됩니다.

색칠한 한 조각은 $\frac{\square}{\square}$ 입니다.

(3) 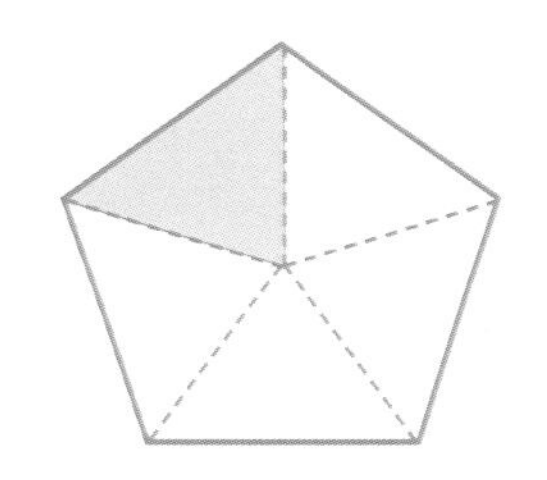

색칠한 조각 □ 개를 모으면 전체 도형이 됩니다.

색칠한 한 조각은 $\frac{\square}{\square}$ 입니다.

(4) 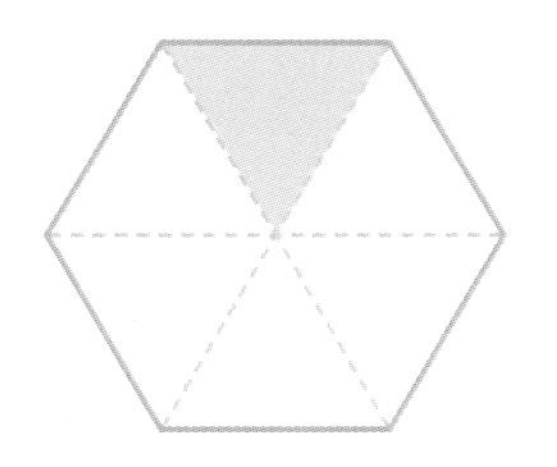

색칠한 조각 □ 개를 모으면 전체 도형이 됩니다.

색칠한 한 조각은 $\frac{\square}{\square}$ 입니다.

(5) 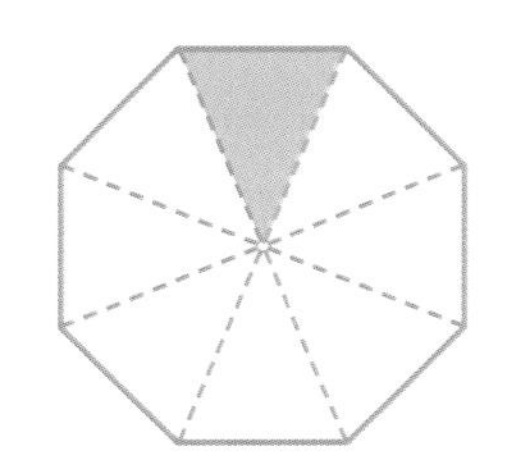

색칠한 조각 □ 개를 모으면 전체 도형이 됩니다.

색칠한 한 조각은 $\frac{\square}{\square}$ 입니다.

10 단계

8~9단계 활동 다지기

문제 01 메뚜기가 뛴 만큼을 분수로 나타내려고 합니다. □ 안에 알맞은 수를 써넣으세요.

0　　　　　　　　　　　　　　　　　　　　1

$\frac{\square}{\square}$ 의 □ 배는 $\frac{\square}{\square}$ 입니다.

문제 02 색칠한 부분을 분수로 나타내려고 합니다. □ 안에 알맞은 수를 써넣으세요.

(1)

$\frac{\square}{\square}$ 의 □ 배는 $\frac{\square}{\square}$ 입니다.

(2)

$\frac{\square}{\square}$ 의 □ 배는 $\frac{\square}{\square}$ 입니다.

(3)

$\frac{\square}{\square}$ 의 □ 배는 $\frac{\square}{\square}$ 입니다.

문제 03 메뚜기가 1에 도착하기 위해 얼마만큼 더 뛰어야 하는지 나타내려고 합니다. □ 안에 알맞은 수를 써넣으세요.

$\frac{1}{6}$씩 4번 뛰어 여기까지 왔어!

0　　　　　　　　　　　　　　　　　　　　1

$\frac{\square}{\square}$

문제 04 비커를 채우려고 합니다. □ 안에 알맞은 수를 써넣으세요.

(1)

분홍 컵을 □ 번 더 부으면 비커가 채워집니다.

분홍 컵 □ 번은 $\frac{\square}{\square}$ 입니다.

(2)

파랑 컵을 □ 번 더 부으면 비커가 채워집니다.

파랑 컵 □ 번은 $\frac{\square}{\square}$ 입니다.

(3)

빨강 컵을 □ 번 더 부으면 비커가 채워집니다.

빨강 컵 □ 번은 $\frac{\square}{\square}$ 입니다.

문제 05 □ 안에 알맞은 수를 써넣으세요.

(1)

색칠한 조각 □ 개를 모으면 전체 도형이 됩니다.

색칠한 한 조각은 $\frac{\square}{\square}$ 입니다.

(2)

피자 □ 조각을 모으면 피자 한 판이 됩니다.

피자 한 조각은 $\frac{\square}{\square}$ 입니다.

(3)

피자 □ 조각을 모으면 피자 한 판이 됩니다.

피자 한 조각은 $\frac{\square}{\square}$ 입니다.

11 단계

분수로 나타내기 ⑤

전체와 부분으로

활동 01 □ 안에 알맞은 분수를 써넣으세요.

(1)

흰색 도넛 $\frac{\square}{\square}$

(2)

갈색 도넛 $\frac{\square}{\square}$

(3)

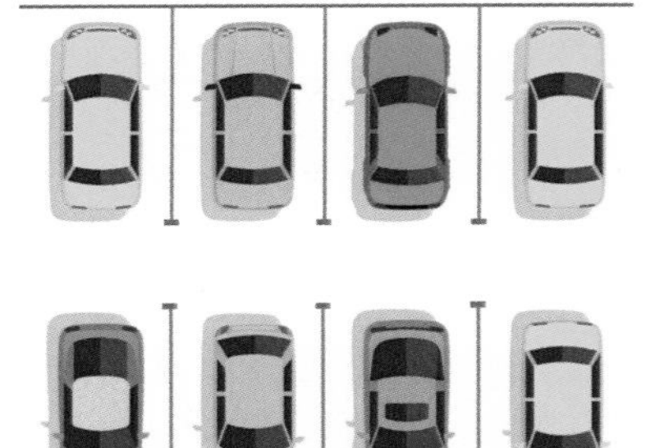

노랑 자동차 $\frac{\square}{\square}$

(4)

갈색 달걀 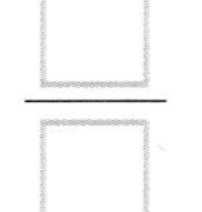

(5)

흰 떡 $\frac{\square}{\square}$

활동 02 분수만큼 색칠해 보세요.

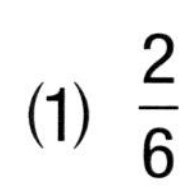

(1) $\frac{2}{6}$

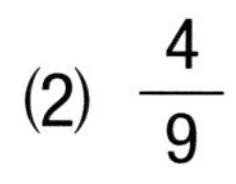

(2) $\frac{4}{9}$

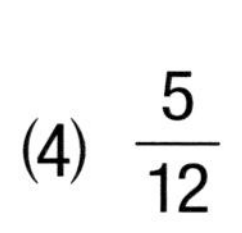

(3) $\frac{3}{10}$

(4) $\frac{5}{12}$

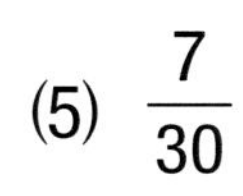

(5) $\frac{7}{30}$

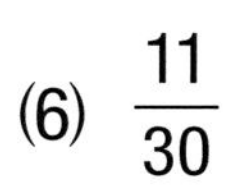

(6) $\frac{11}{30}$

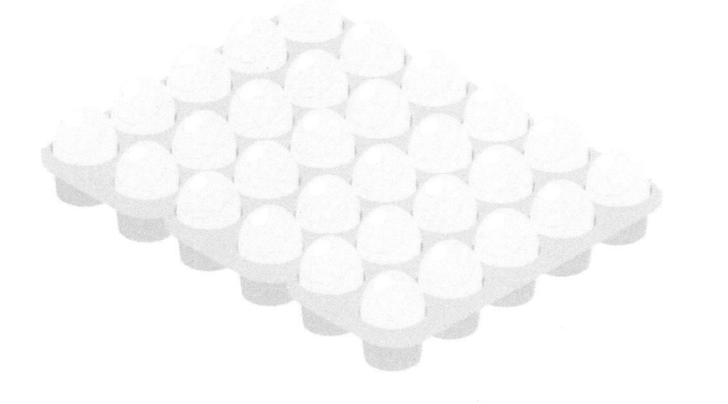

활동 03 분수만큼 색칠해 보세요.

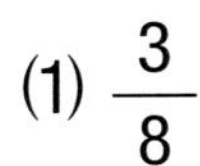

(1) $\frac{3}{8}$

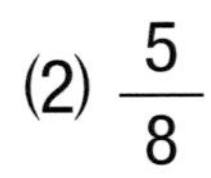

(2) $\frac{5}{8}$

(3) $\frac{7}{8}$

(4) $\frac{4}{10}$

(5) $\frac{6}{10}$

(6) $\frac{7}{10}$

(7) $\frac{3}{12}$

(8) $\frac{6}{12}$

(9) $\frac{8}{12}$

보기처럼 분수만큼 표시해 보세요.

보기 $\frac{4}{7}$

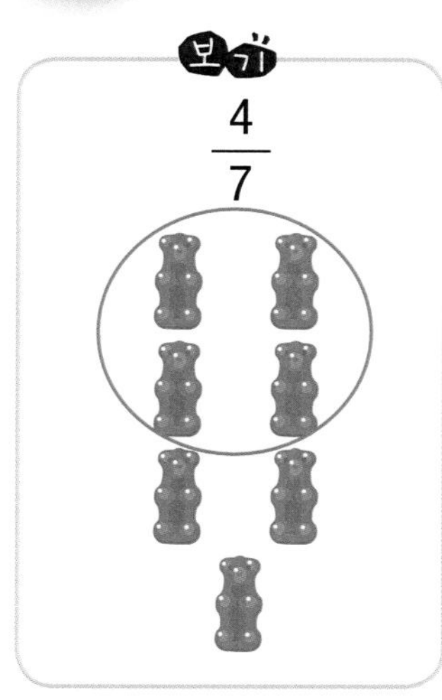
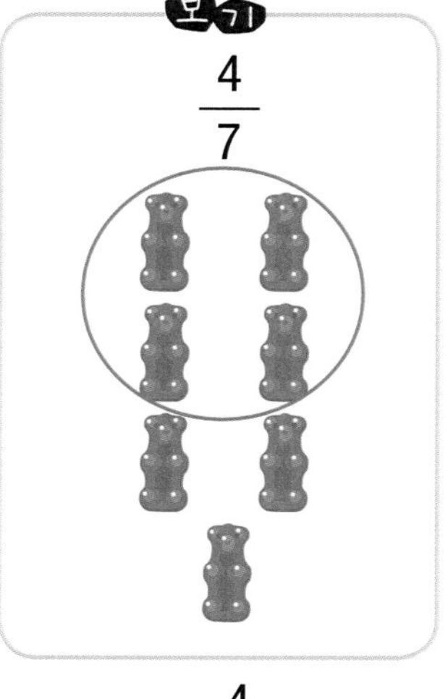

(1) $\frac{7}{8}$

(2) $\frac{5}{9}$

(3) $\frac{4}{10}$

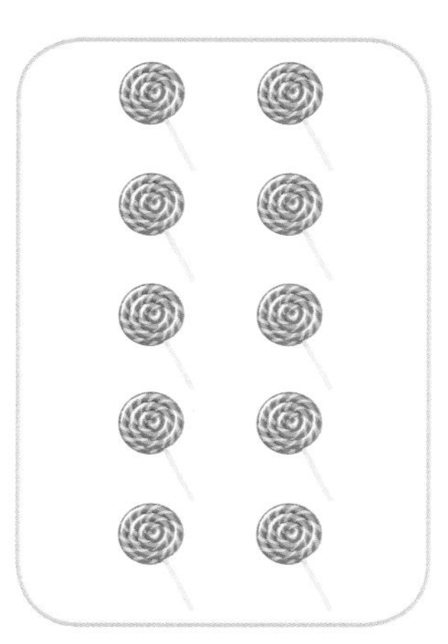

(4) $\frac{5}{12}$

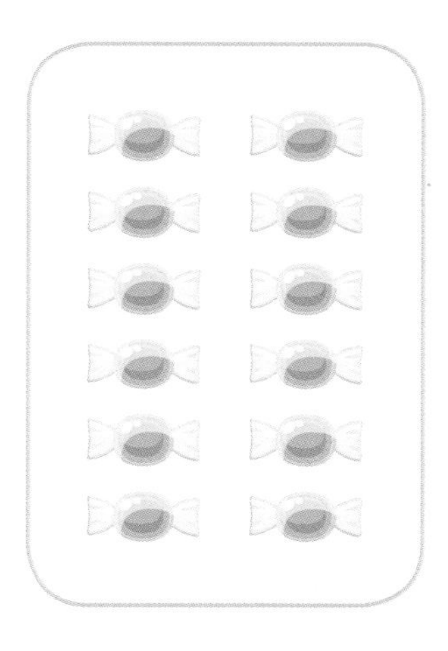

(5) $\frac{9}{15}$

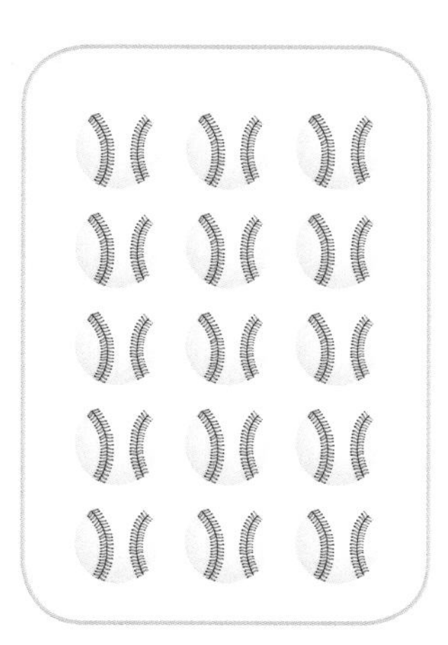

(6) $\frac{6}{10}$

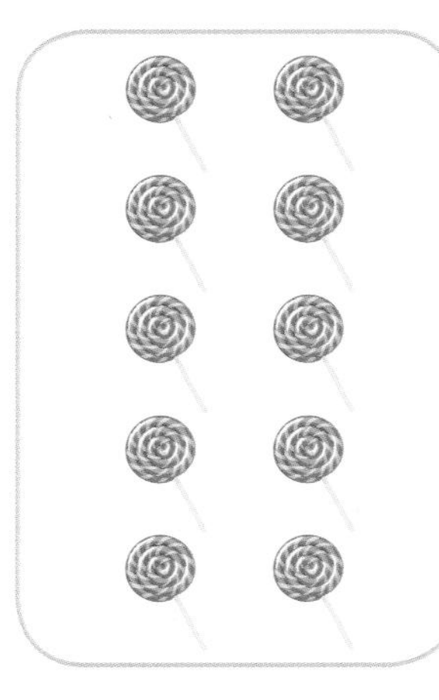

(7) $\frac{7}{12}$

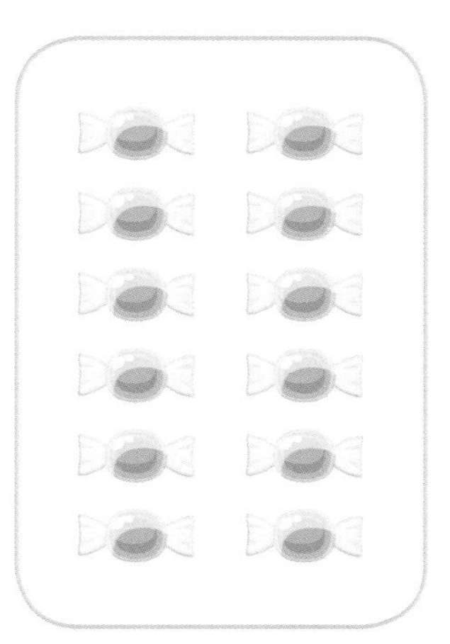

(8) $\frac{6}{15}$

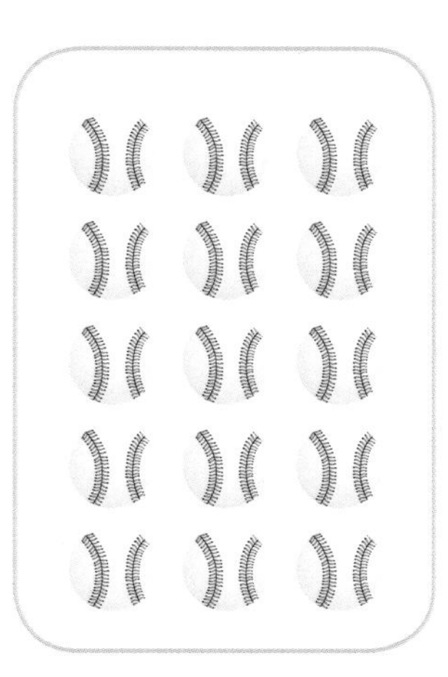

활동 05 □ 안에 알맞은 분수를 써넣으세요.

(1) 흰 골프공과 연두 골프공을 각각 분수로 나타내어 보세요.

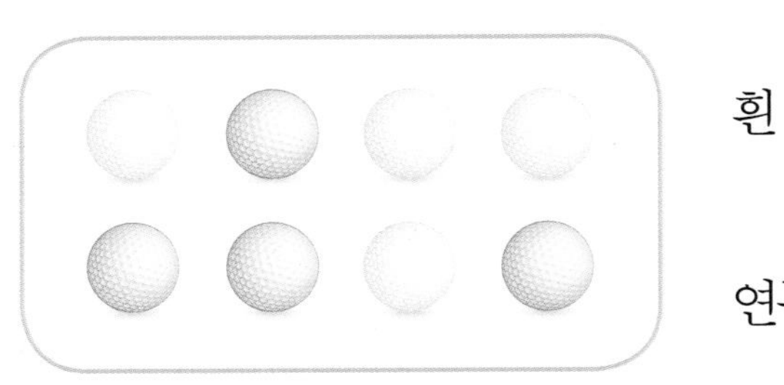

흰 골프공 $\frac{\square}{\square}$

연두 골프공 $\frac{\square}{\square}$

(2) 흰 탁구공과 주황 탁구공을 각각 분수로 나타내어 보세요.

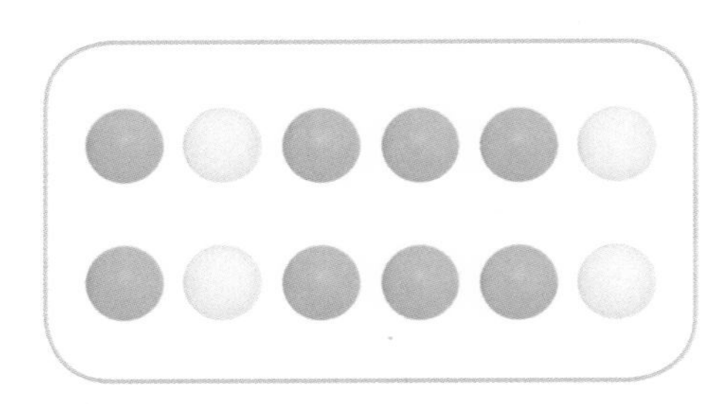

흰 탁구공 $\frac{\square}{\square}$

주황 탁구공 $\frac{\square}{\square}$

(3) 딸기 컵케이크와 초코 컵케이크를 각각 분수로 나타내어 보세요.

딸기 컵케이크 $\frac{\square}{\square}$

초코 컵케이크 $\frac{\square}{\square}$

핵심 콕! 콕!

분수로 나타내기(3) - 전체와 부분으로

전체 10개 중에 3개

$\frac{3}{10}$

전체 12개 중에 3개

$\frac{3}{12}$

활동 06 검정 물고기를 분수로 나타내어 보세요.

(1)

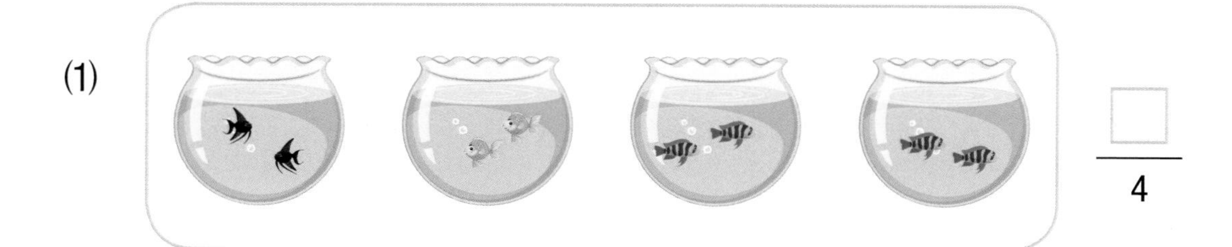

$\frac{\square}{4}$

(2)

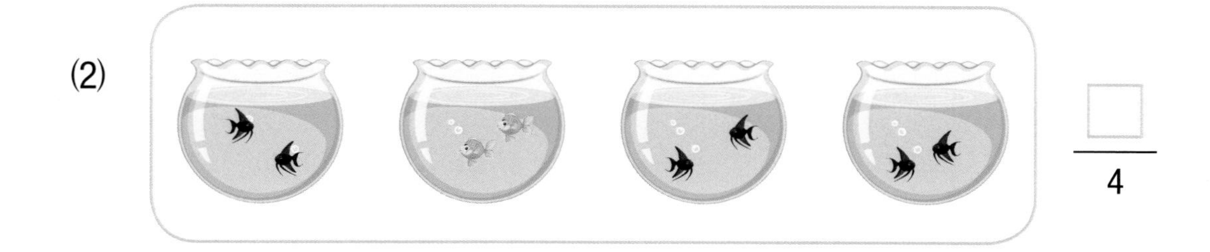

$\frac{\square}{4}$

(3)

$\frac{\square}{4}$

(4)

$\frac{\square}{4}$

(5)

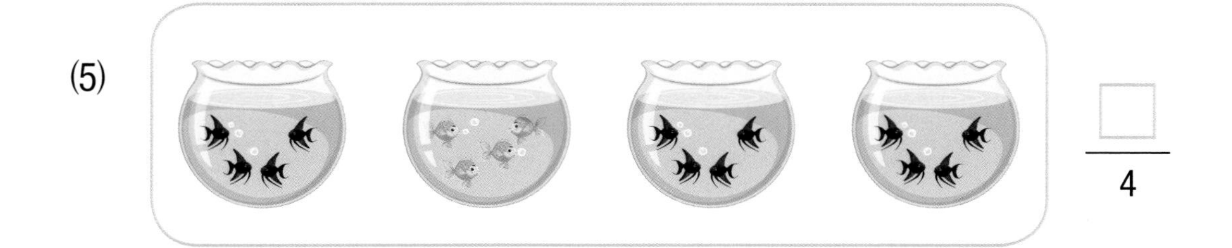

$\frac{\square}{4}$

12 단계

분수로 나타내기 ⑥

전체와 부분으로

활동 01 보기처럼 묶어 보세요.

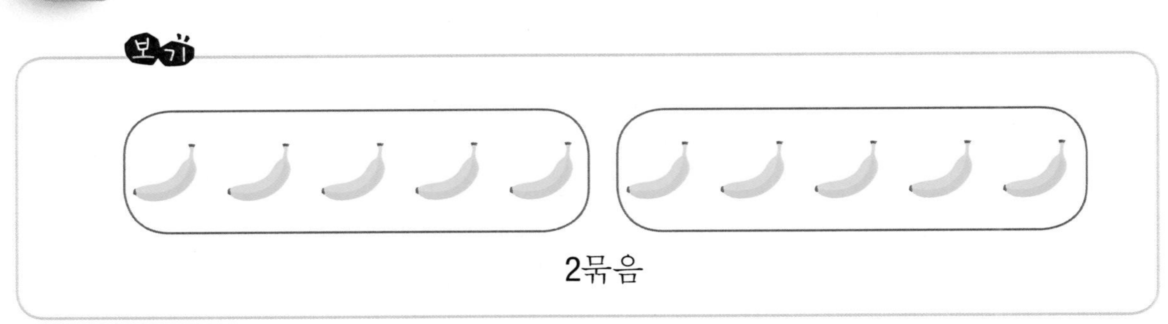

(1)

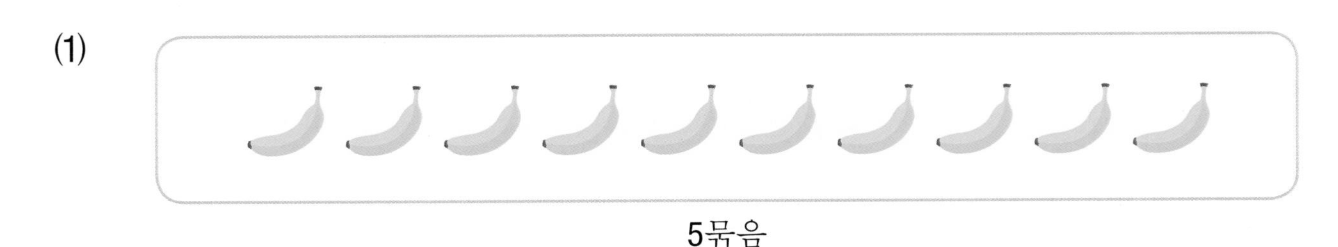

5묶음

(2)

3묶음

(3)

4묶음

(4)

3묶음

(5)

5묶음

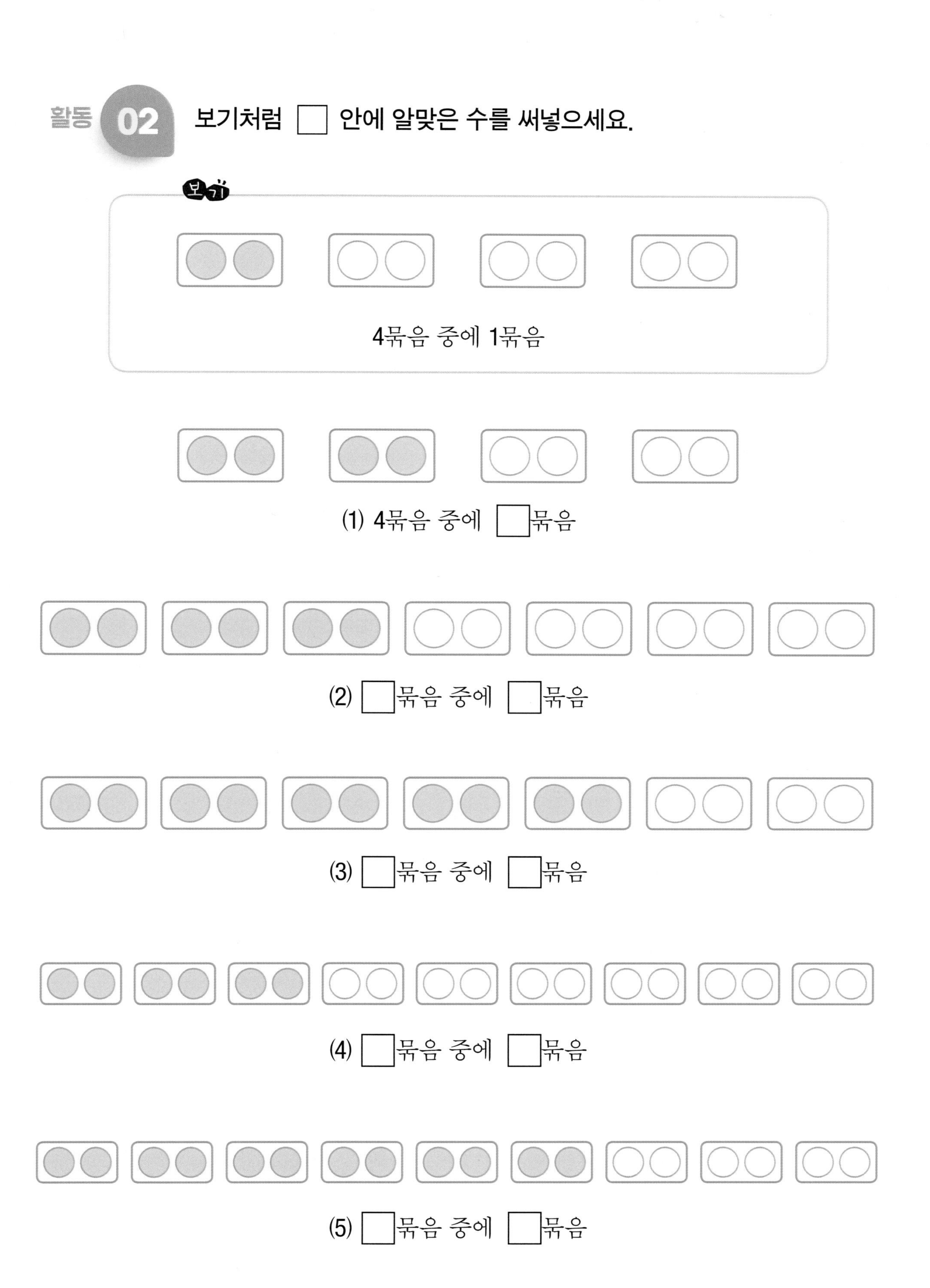
활동 02
보기처럼 □ 안에 알맞은 수를 써넣으세요.
보기
4묶음 중에 1묶음
(1) 4묶음 중에 □묶음
(2) □묶음 중에 □묶음
(3) □묶음 중에 □묶음
(4) □묶음 중에 □묶음
(5) □묶음 중에 □묶음

활동 03 똑같이 나누어 먹으려고 합니다. 한 명이 먹을 양을 표시하고 □ 안에 알맞은 수를 써넣으세요.

(1) 5명

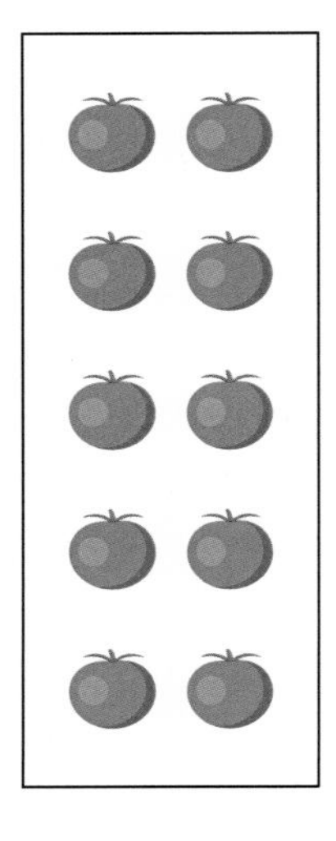

-1명이 먹을 양은 $\frac{\square}{10}$ 입니다.

(2) 2명

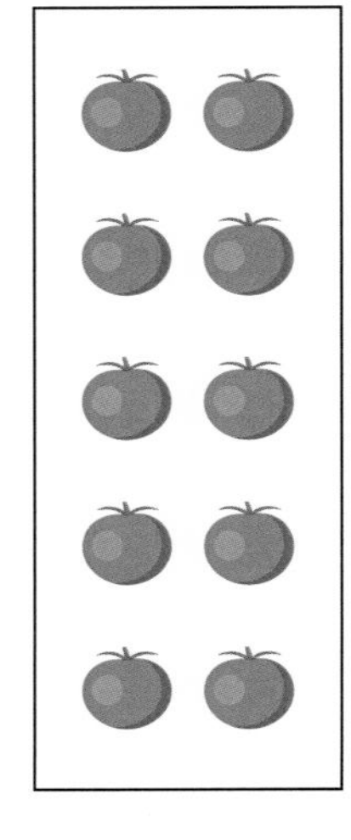

-1명이 먹을 양은 $\frac{\square}{10}$ 입니다.

(3) 7명

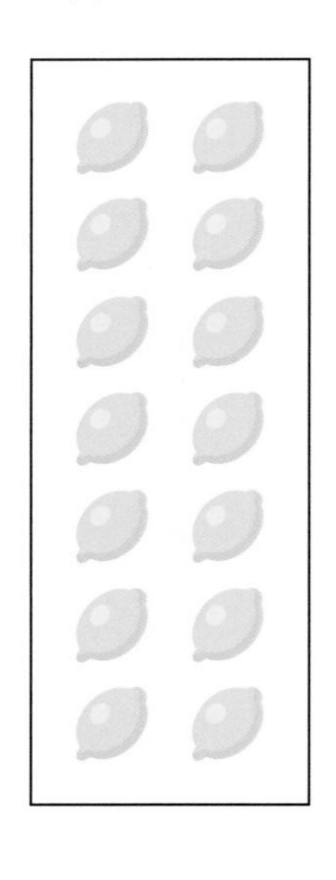

-1명이 먹을 양은 $\frac{\square}{14}$ 입니다.

(4) 2명

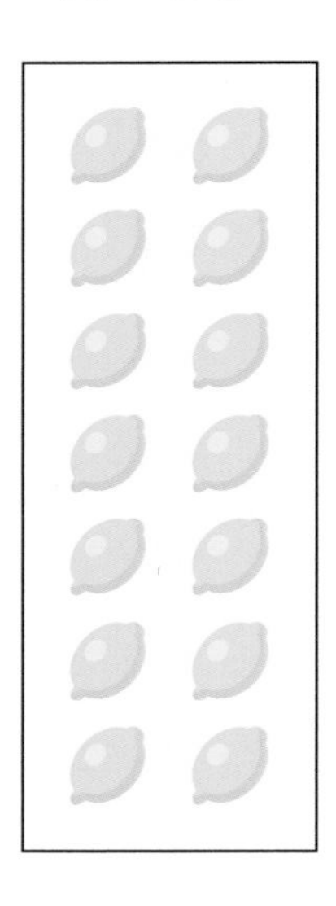

-1명이 먹을 양은 $\frac{\square}{14}$ 입니다.

배 10개를 5명이 나누어 먹을 때 1명이 먹을 양을 개수로 나타내면 $\frac{2}{10}$로 나타낼 수 있어.

똑같이 나누어 먹으려고 합니다. 한 명이 먹을 양을 표시하고 □ 안에 알맞은 수를 써넣으세요.

(1) 5명

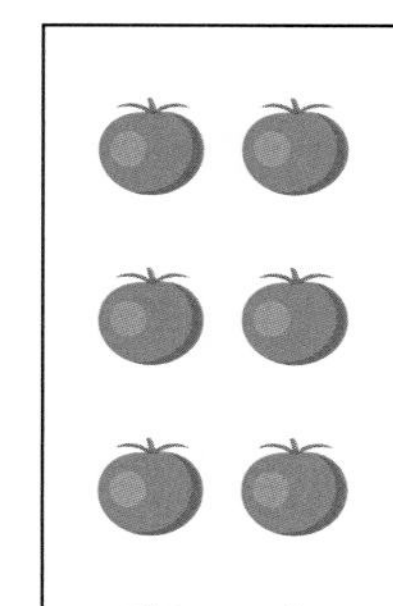

-1명이 먹을 양은

□ 묶음 중 1묶음이므로

전체의 $\frac{1}{\square}$ 입니다.

(2) 2명

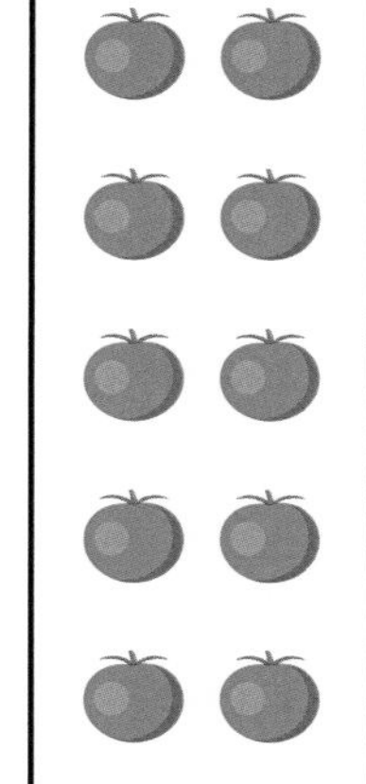

-1명이 먹을 양은

□ 묶음 중 1묶음이므로

전체의 $\frac{1}{\square}$ 입니다.

(3) 7명

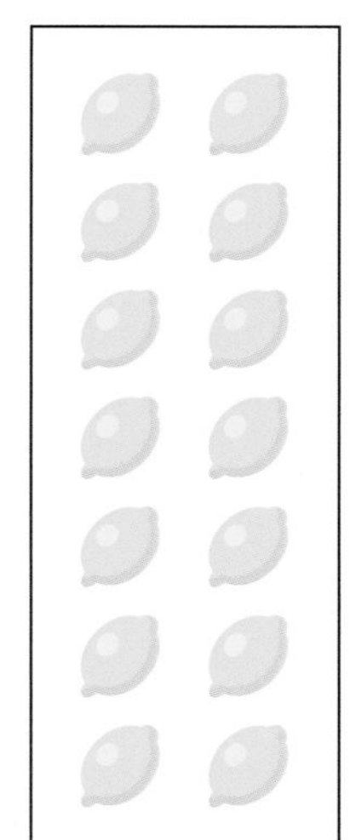

-1명이 먹을 양은

□ 묶음 중 1묶음이므로

전체의 $\frac{1}{\square}$ 입니다.

(4) 2명

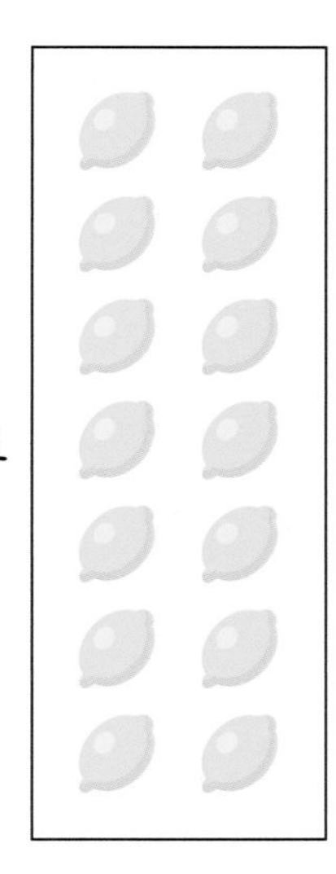

-1명이 먹을 양은

□ 묶음 중 1묶음이므로

전체의 $\frac{1}{\square}$ 입니다.

배 10개를 5명이 나누어 먹을 때 1명이 먹을 양을 묶음으로 나타내면 $\frac{1}{5}$이야.

활동 05 똑같이 나누어 먹으려고 합니다. 한 명이 먹을 양을 표시하고 □ 안에 알맞은 수를 써넣으세요.

(1) 2명

-1명이 먹을 양은 $\frac{\square}{18}$ 입니다.

-1명이 먹을 양은 □묶음 중 1묶음이므로 전체의 $\frac{1}{\square}$ 입니다.

(2) 3명

-1명이 먹을 양은 $\frac{\square}{18}$ 입니다.

-1명이 먹을 양은 □묶음 중 1묶음이므로 전체의 $\frac{1}{\square}$ 입니다.

(3) 6명

-1명이 먹을 양은 $\frac{\square}{18}$ 입니다.

-1명이 먹을 양은 □묶음 중 1묶음이므로 전체의 $\frac{1}{\square}$ 입니다.

(4) 9명

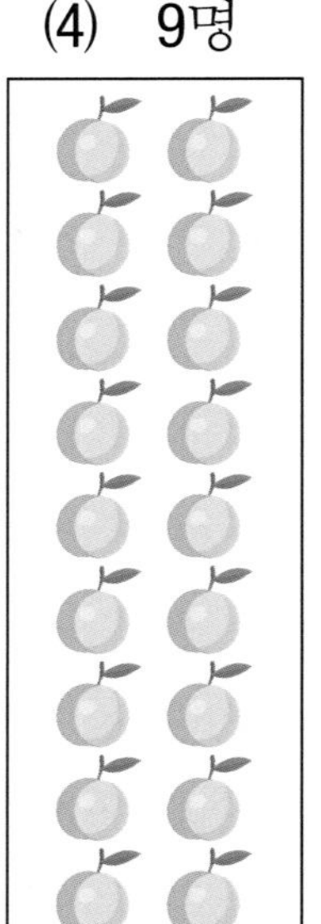

-1명이 먹을 양은 $\frac{\square}{18}$ 입니다.

-1명이 먹을 양은 □묶음 중 1묶음이므로 전체의 $\frac{1}{\square}$ 입니다.

핵심 콕! 콕!

빨간 사과를 분수로 나타내기

개수로 나타내기 $\frac{2}{6}$

묶음으로 나타내기 $\frac{1}{3}$

활동 06 □ 안에 알맞은 수를 써넣으세요.

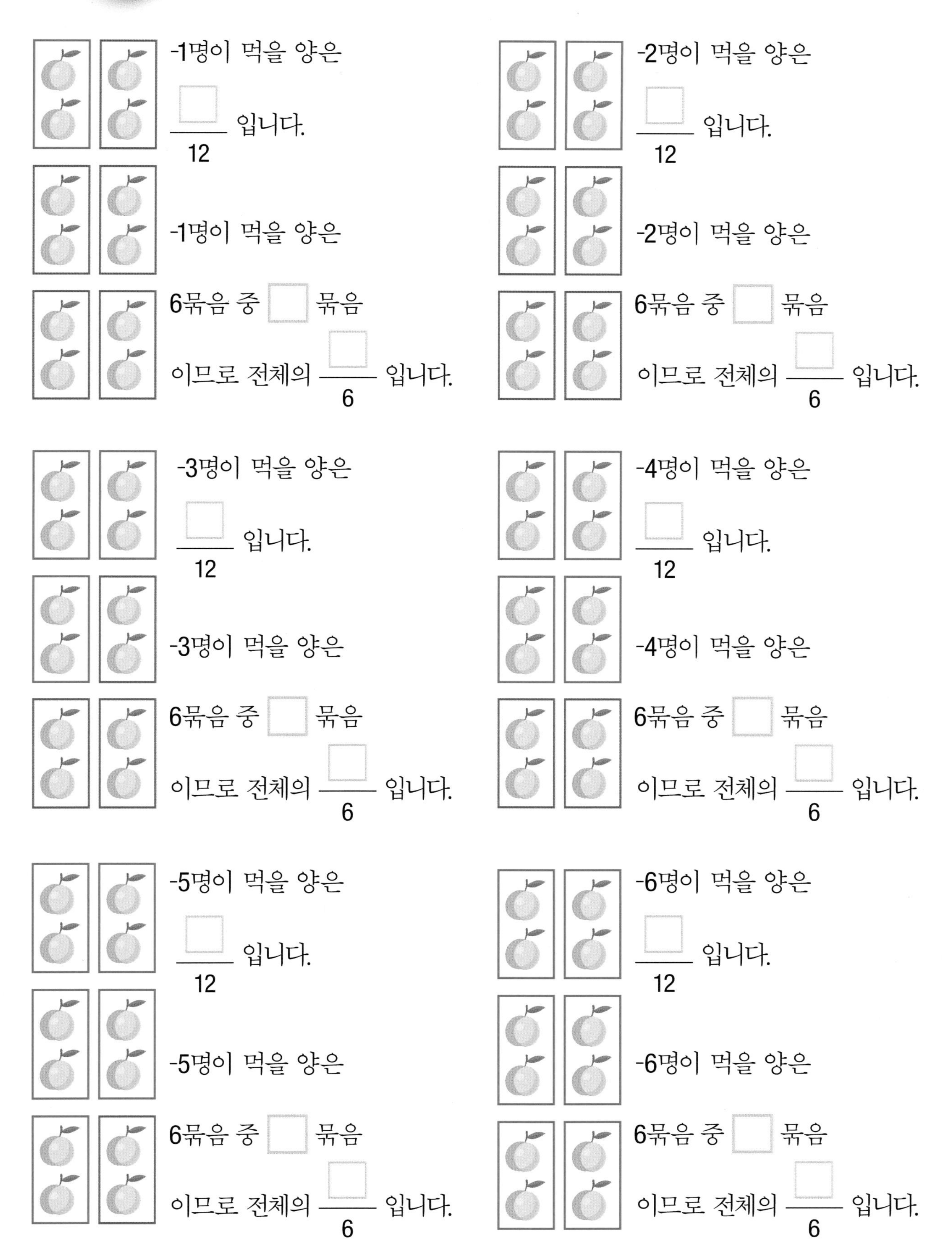

-1명이 먹을 양은 $\frac{\square}{12}$ 입니다.

-1명이 먹을 양은 6묶음 중 □ 묶음이므로 전체의 $\frac{\square}{6}$ 입니다.

-2명이 먹을 양은 $\frac{\square}{12}$ 입니다.

-2명이 먹을 양은 6묶음 중 □ 묶음이므로 전체의 $\frac{\square}{6}$ 입니다.

-3명이 먹을 양은 $\frac{\square}{12}$ 입니다.

-3명이 먹을 양은 6묶음 중 □ 묶음이므로 전체의 $\frac{\square}{6}$ 입니다.

-4명이 먹을 양은 $\frac{\square}{12}$ 입니다.

-4명이 먹을 양은 6묶음 중 □ 묶음이므로 전체의 $\frac{\square}{6}$ 입니다.

-5명이 먹을 양은 $\frac{\square}{12}$ 입니다.

-5명이 먹을 양은 6묶음 중 □ 묶음이므로 전체의 $\frac{\square}{6}$ 입니다.

-6명이 먹을 양은 $\frac{\square}{12}$ 입니다.

-6명이 먹을 양은 6묶음 중 □ 묶음이므로 전체의 $\frac{\square}{6}$ 입니다.

활동 07 보기처럼 분수만큼 색칠해 보세요.

보기

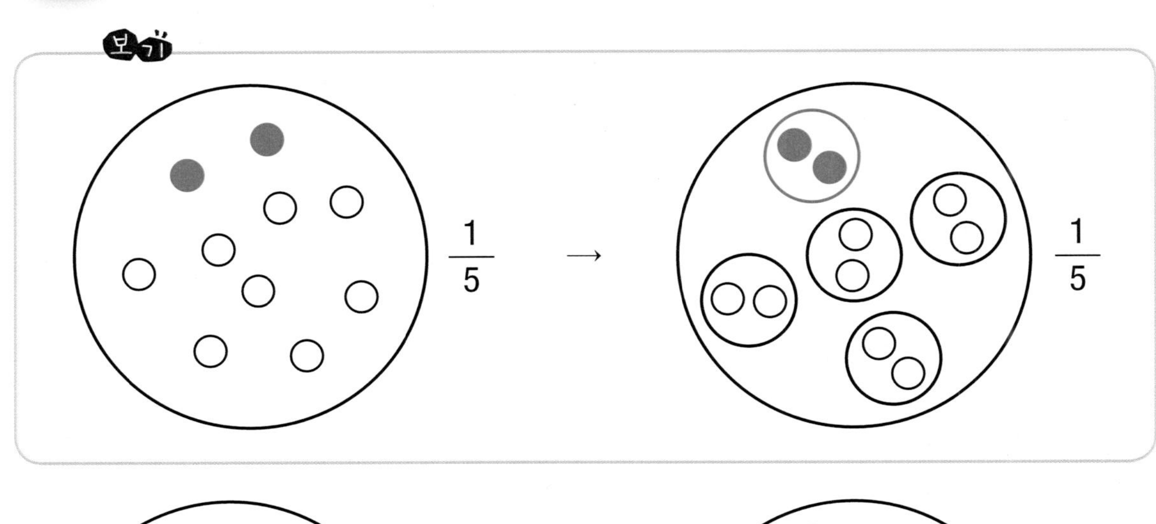

(1)

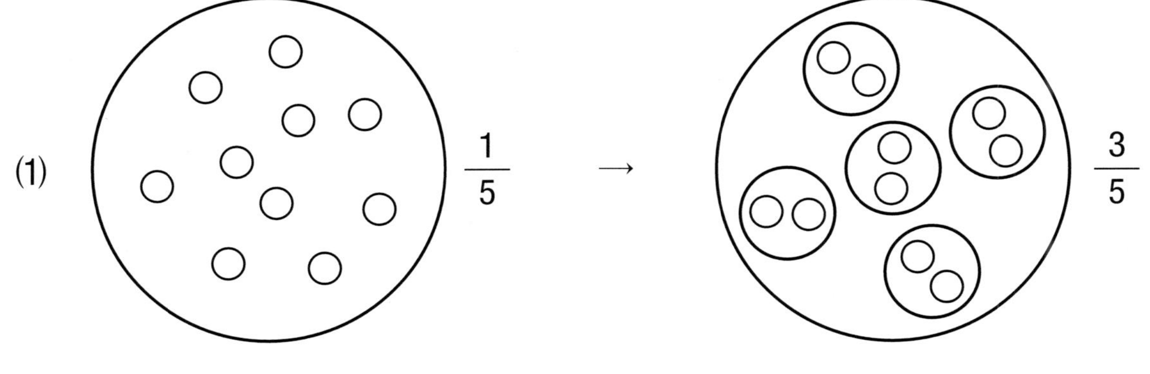

(2)

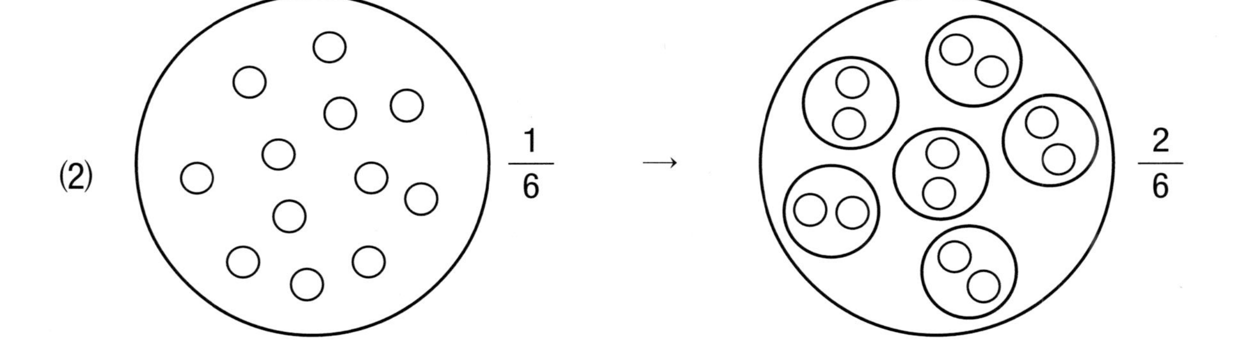

(3)

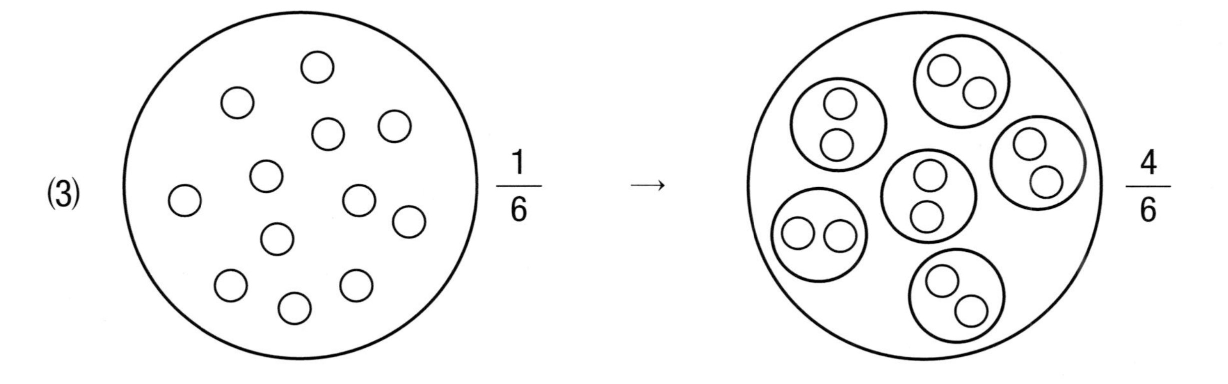

활동 08 보기처럼 분수만큼 그려 보세요.

보기

$\frac{1}{4}$ → 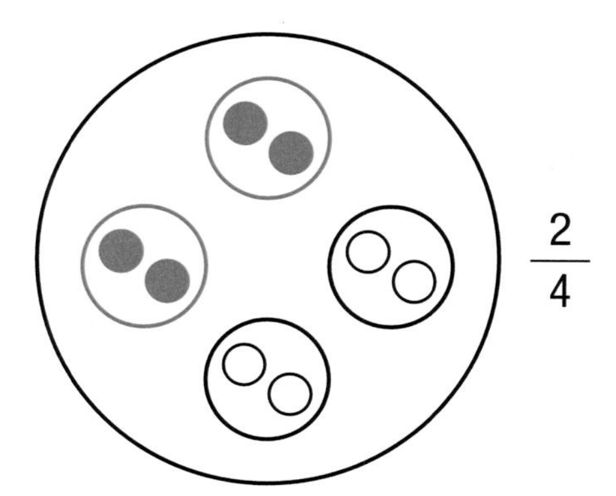 $\frac{2}{4}$

(1) $\frac{1}{5}$ → $\frac{3}{5}$

(2) $\frac{1}{3}$ → $\frac{2}{3}$

(3) 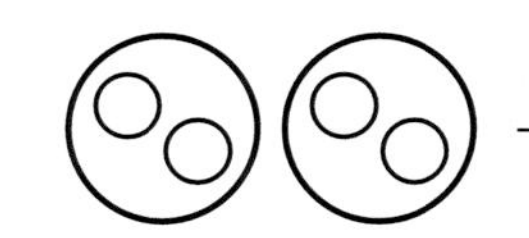 $\frac{2}{6}$ → 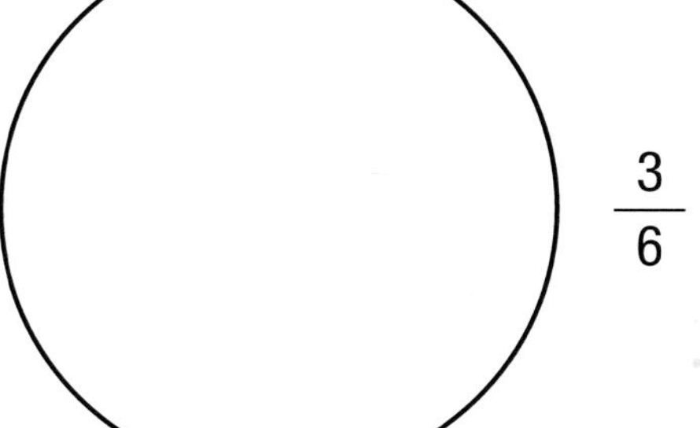 $\frac{3}{6}$

13 단계

11~12단계 활동 다지기

문제 01 흰색 계란과 갈색 계란을 각각 분수로 나타내어 보세요.

(1)

흰색 계란 $\frac{\square}{\square}$ 　　갈색 계란 $\frac{\square}{\square}$

(2)

흰색 계란 $\frac{\square}{\square}$ 　　갈색 계란 $\frac{\square}{\square}$

문제 02 빨강 물고기를 분수로 나타내어 보세요.

(1)

$\frac{\square}{4}$

(2)

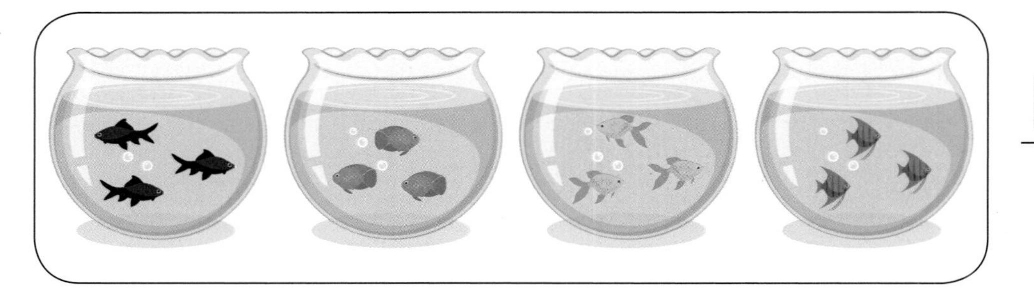

$\frac{\square}{4}$

(3)

$\frac{\square}{4}$

문제 03 보기처럼 나타내어 보세요.

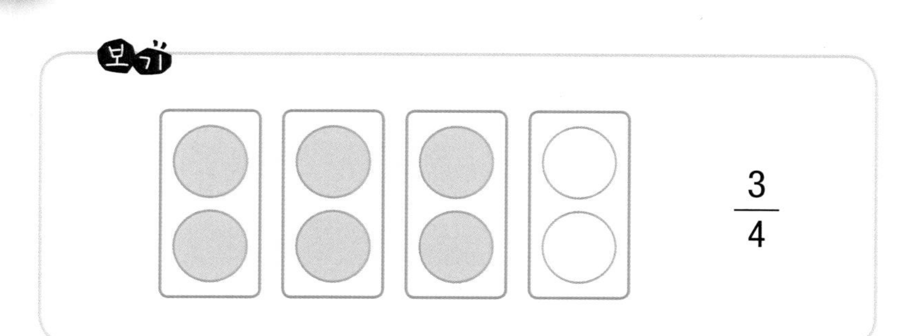

(1)

$\frac{4}{5}$

(2)

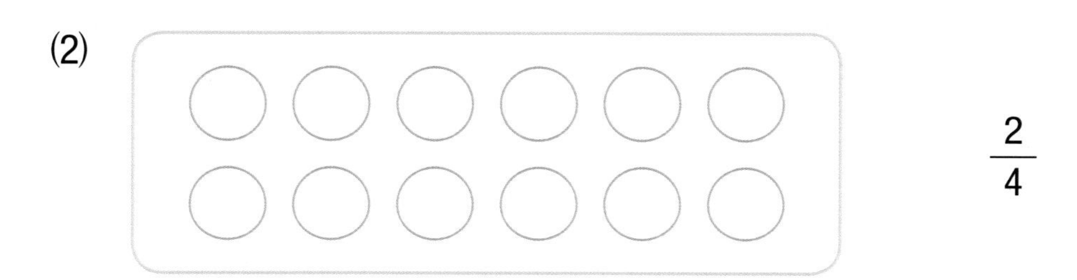

$\frac{2}{4}$

(3)

$\frac{3}{4}$

(4)

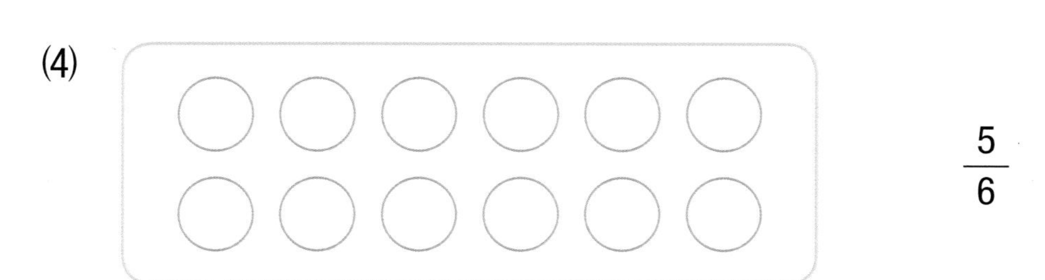

$\frac{5}{6}$

(5)

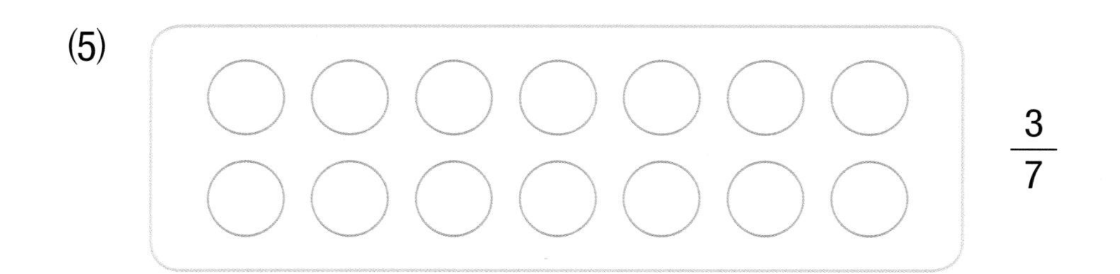

$\frac{3}{7}$

문제 04 보기처럼 □ 안에 알맞은 수를 써넣으세요.

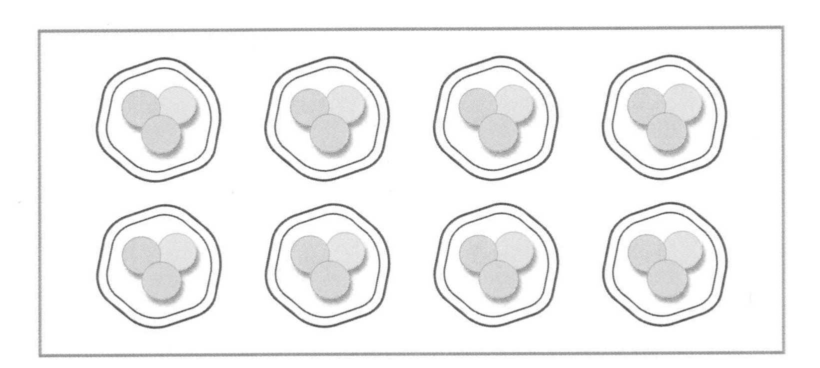

보기

- 1명이 먹을 양은 $\frac{3}{24}$입니다.
- 1명이 먹을 양은 8묶음 중 1묶음이므로 전체의 $\frac{1}{8}$입니다.

(1)

- 3명이 먹을 양은 $\frac{\square}{24}$입니다.
- 3명이 먹을 양은 8묶음 중 □ 묶음이므로 전체의 $\frac{\square}{8}$입니다.

(2)

- 5명이 먹을 양은 $\frac{\square}{24}$입니다.
- 5명이 먹을 양은 8묶음 중 □ 묶음이므로 전체의 $\frac{\square}{8}$입니다.

(3)

- 8명이 먹을 양은 $\frac{\square}{24}$입니다.
- 8명이 먹을 양은 8묶음 중 □ 묶음이므로 전체의 $\frac{\square}{8}$입니다.

문제 05 보기처럼 분수만큼 색칠해 보세요.

보기

 $\frac{1}{4}$ → 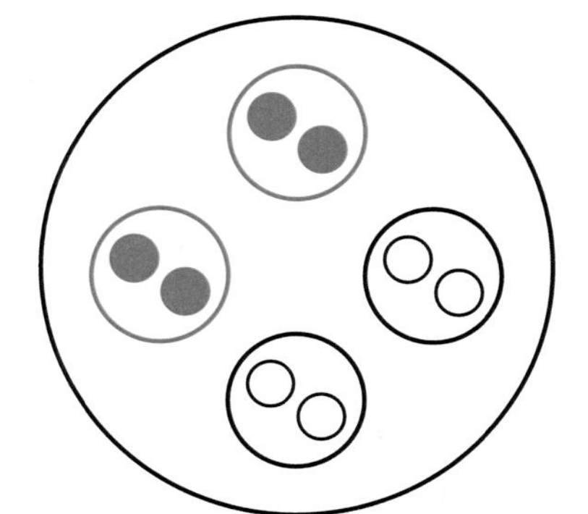 $\frac{2}{4}$

(1) 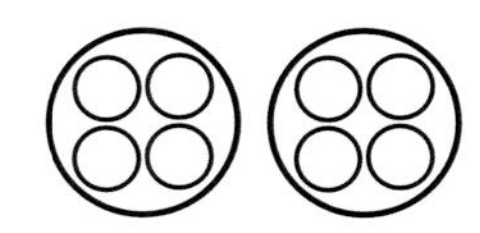 $\frac{2}{3}$ → 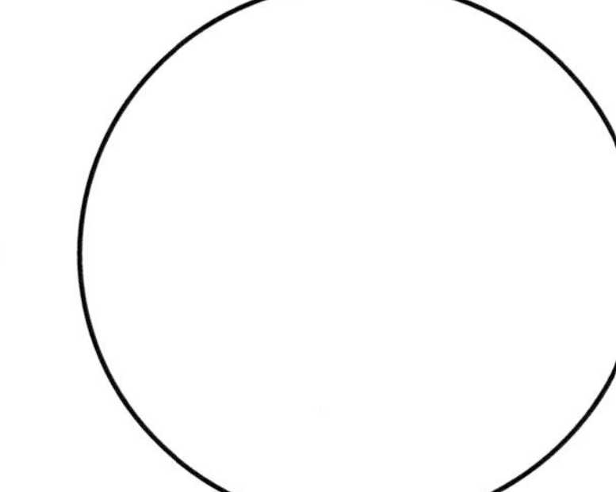 $\frac{3}{3}$

(2) 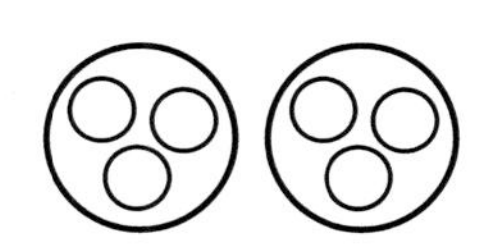 $\frac{2}{5}$ → 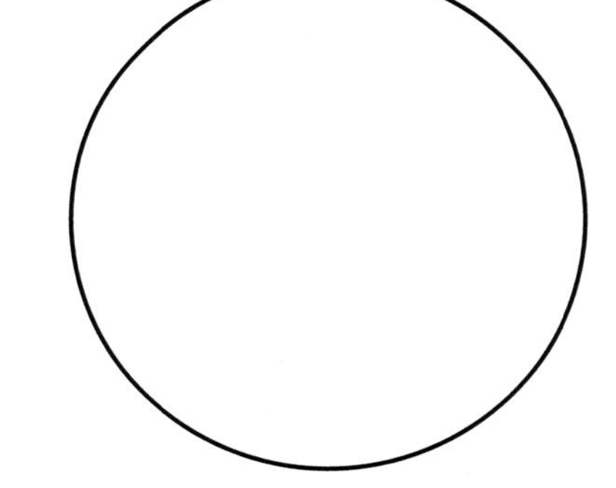 $\frac{4}{5}$

(3) 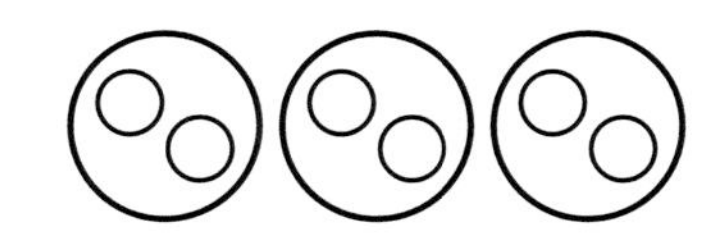 $\frac{3}{7}$ → 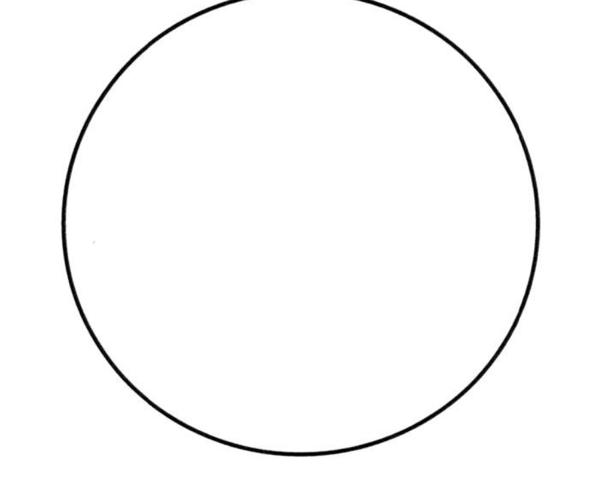 $\frac{5}{7}$

고대 이집트 분수

고대 이집트에서는 수는 <그림 1>과 같이 나타내고, 분수는 <그림 2>와 같이 수 위에 동그라미를 그려서 분자가 1인 단위분수로 나타냈다고 합니다($\frac{1}{2}$ 과 $\frac{2}{3}$ 만 다른 방법으로 나타냄).

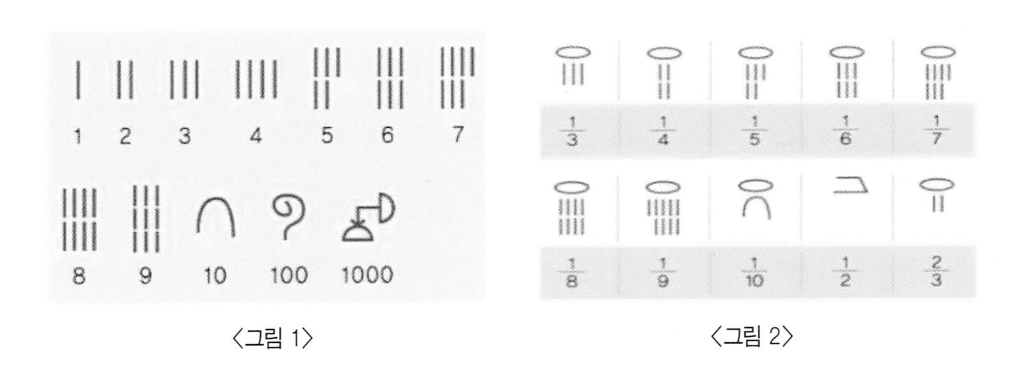

<그림 1> <그림 2>

분수 표기뿐만 아니라 분수의 사용도 고대 이집트 분수와 오늘날의 분수는 달랐습니다. 이집트 사람들이 분수를 나타낼 때 분자가 1인 단위분수의 합으로 나타낸 점입니다. 예를 들어, 이집트 아이 3명이 2개의 빵을 똑같이 나누어 먹기 위해 한 사람이 먹을 수 있는 빵의 양을 구해야 하는 상황에서 먼저 2개의 빵을 각각 2등분하여 1개씩 나누어 주고, 남은 $\frac{1}{2}$ 의 빵을 다시 3등분하면 각자에게 $\frac{1}{6}$ 씩 돌아갑니다. 이런 식으로 단위분수의 합인 $\frac{1}{2}+\frac{1}{6}$ 로 나타내었습니다.

하지만 현재 우리가 나타내는 분수의 표기 방법은 이와 다릅니다. 만약 우리가 2개의 피자를 3명이 똑같이 나누어 먹기 위해 한 사람이 먹을 수 있는 피자의 양을 구하면, 피자를 각각 3등분하여 $\frac{2}{3}$ 씩 나누어 먹으면 된다고 생각할 것입니다.

출처: [네이버 지식백과] 분수 - 전체에 대해 일부분을 나타내는 수
(초등수학 개념사전, 2010. 3. 25., 석주식, 최순미, 심진경)

〈이집트의 분수〉

이집트 분수 표기법

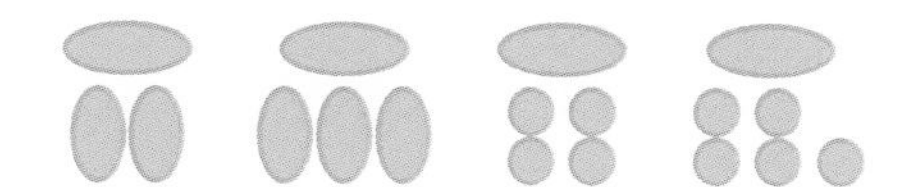

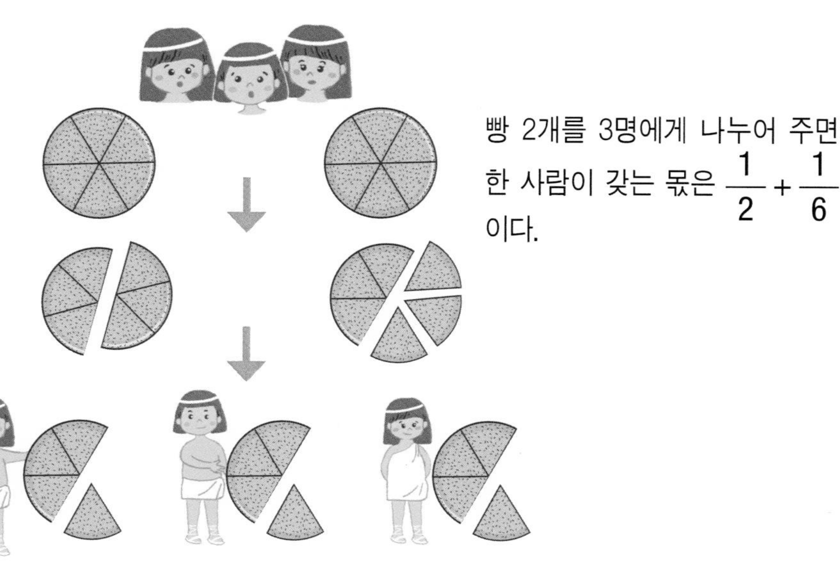

빵 2개를 3명에게 나누어 주면 한 사람이 갖는 몫은 $\frac{1}{2}+\frac{1}{6}$ 이다.

$\frac{1}{2}+\frac{1}{6}$ $\frac{1}{2}+\frac{1}{6}$ $\frac{1}{2}+\frac{1}{6}$

〈오늘날의 분수〉

오늘날의 분수 표기법

$\frac{1}{2}, \frac{1}{3}, \frac{1}{4}, \frac{1}{5}$ …

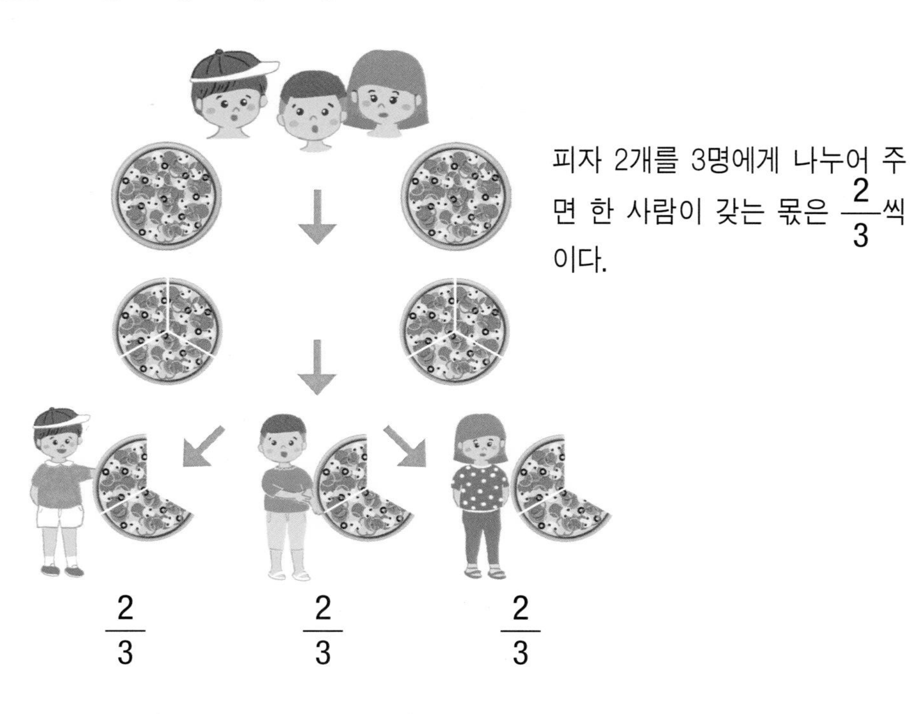

피자 2개를 3명에게 나누어 주면 한 사람이 갖는 몫은 $\frac{2}{3}$씩이다.

$\frac{2}{3}$ $\frac{2}{3}$ $\frac{2}{3}$

14 단계

분수 배만큼은 얼마일까요 ①

활동 01 보기처럼 색칠해 보세요.

보기

2배만큼 색칠하기

(1) 1배만큼 색칠하기

(2) 3배만큼 색칠하기

(3) 4배만큼 색칠하기

(4) 5배만큼 색칠하기

(5) 6배만큼 색칠하기

질문 콕!

2배, 3배, 4배, 5배 하면 양이 어떻게 되는지 이야기해 보세요.

활동  보기처럼 나타내어 보세요.

보기

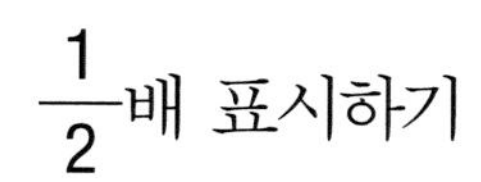
$\frac{1}{2}$배 표시하기

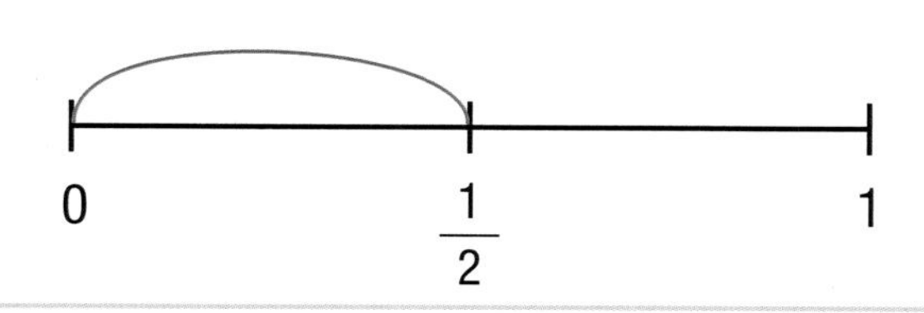

(1) $\frac{2}{3}$배 표시하기

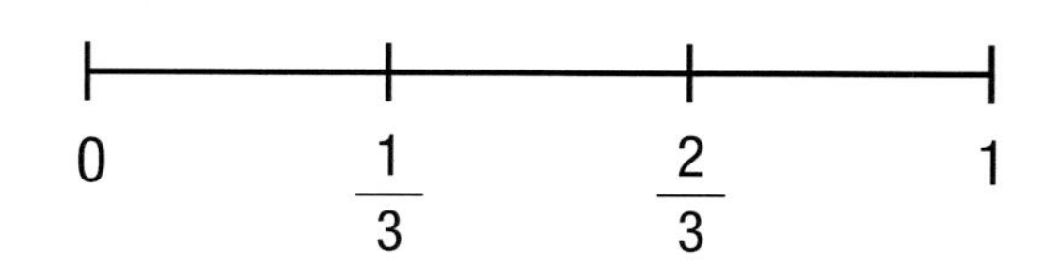

(2) $\frac{1}{4}$배 표시하기

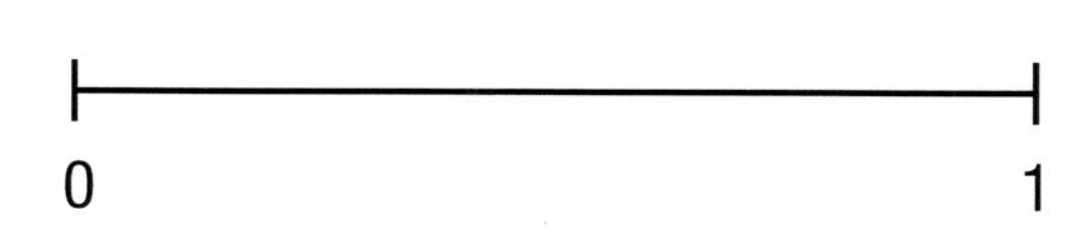

(3) $\frac{3}{4}$배 표시하기

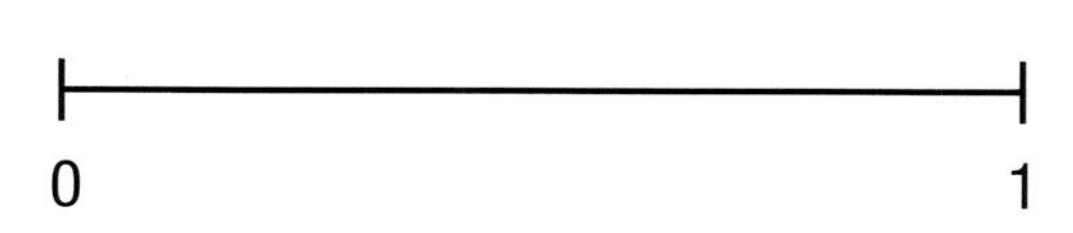

(4) $\frac{2}{6}$배 표시하기

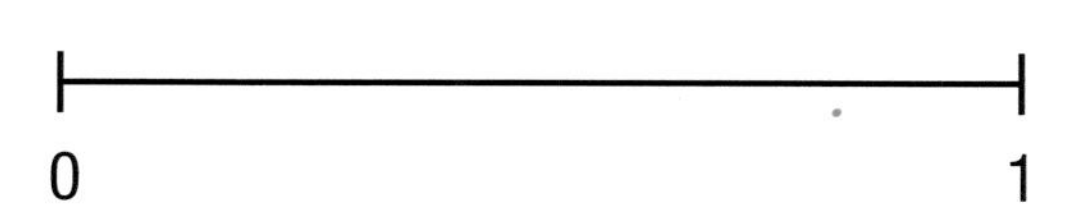

(5) $\frac{6}{6}$배 표시하기

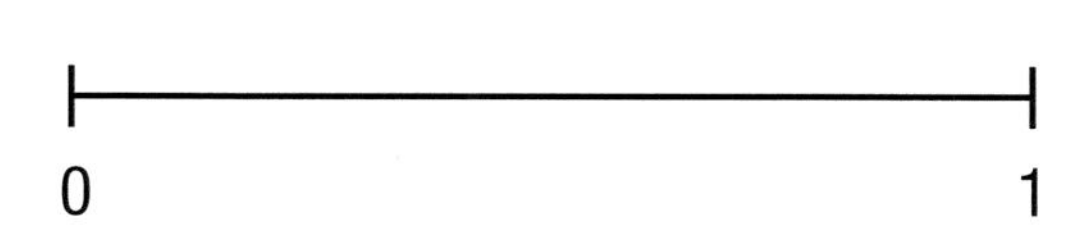

질문 콕!

$\frac{1}{2}$배, $\frac{1}{3}$배, $\frac{1}{4}$배, $\frac{1}{5}$배 하면 양이 어떻게 되는지 이야기해 보세요.

활동 03 보기처럼 그려 보세요.

보기

3배 그리기 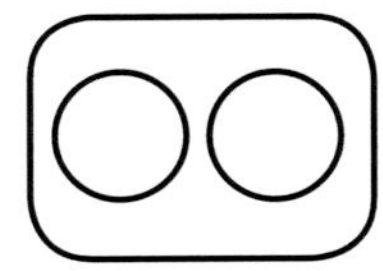 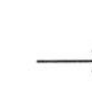 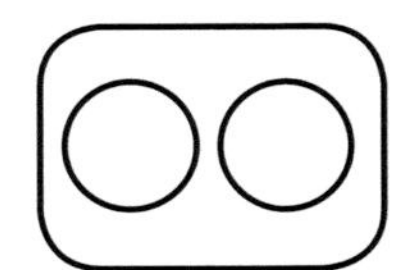 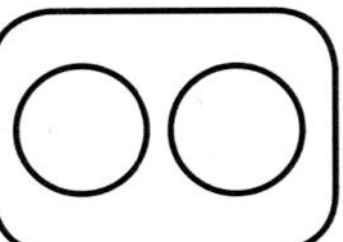 

(1) 1배 그리기

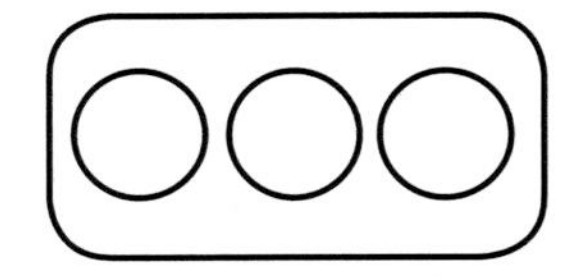 →

(2) 2배 그리기

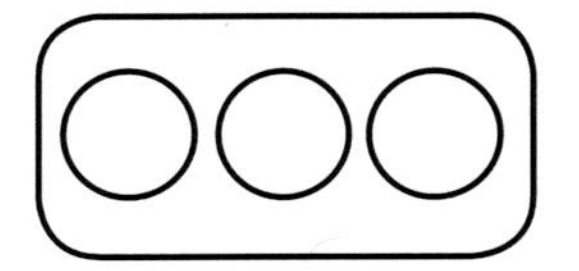 →

(3) 3배 그리기

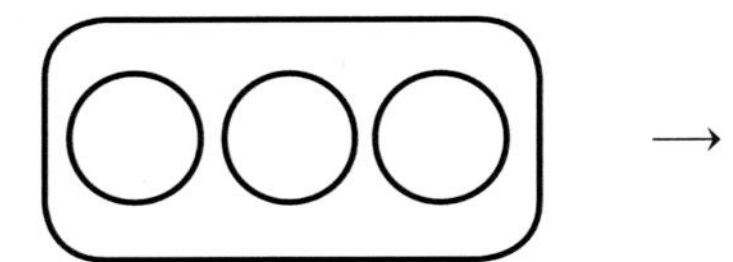 →

(4) 4배 그리기

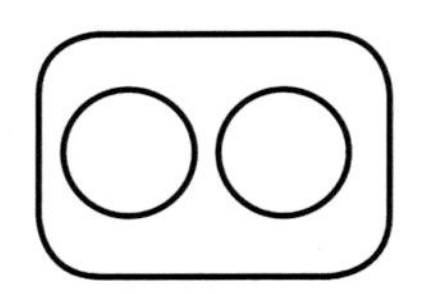 →

(5) 5배 그리기

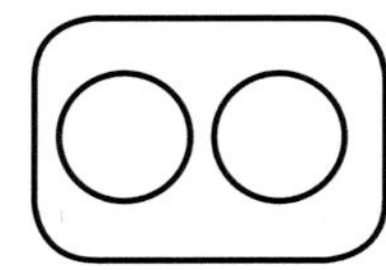 →

보기처럼 묶고 색칠해 보세요.

보기

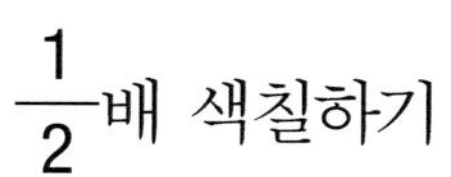

$\frac{1}{2}$배 색칠하기

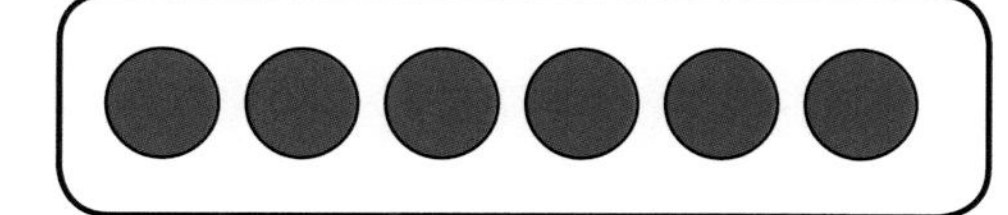

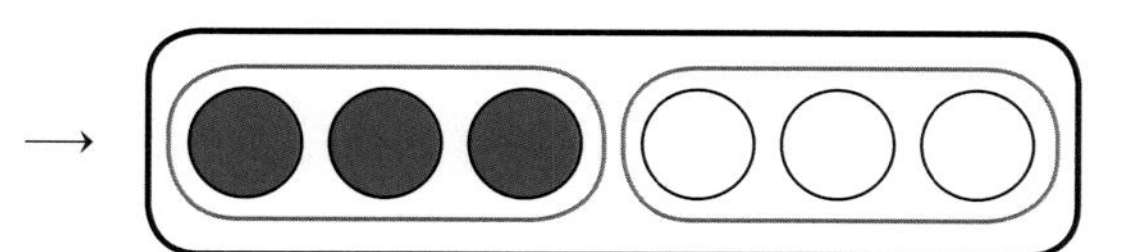

(1) $\frac{2}{3}$배 색칠하기

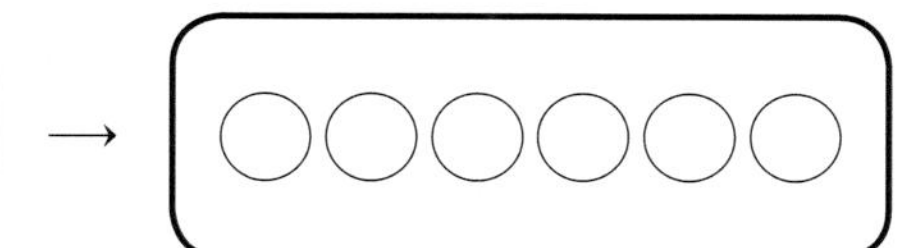

(2) $\frac{3}{4}$배 색칠하기

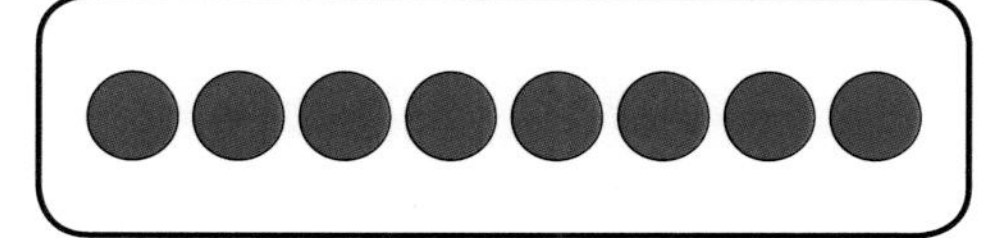

(3) $\frac{2}{5}$배 색칠하기

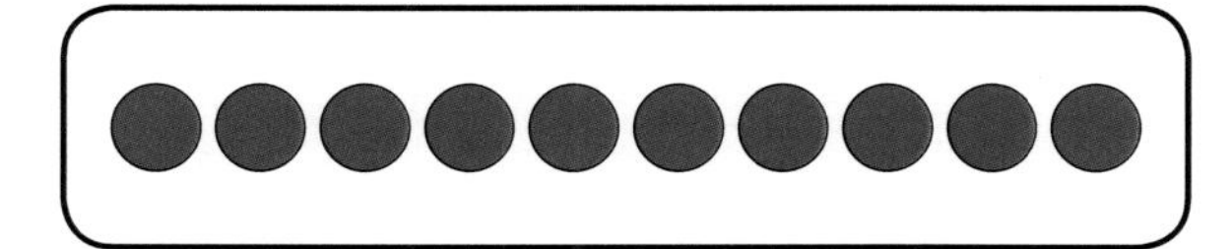

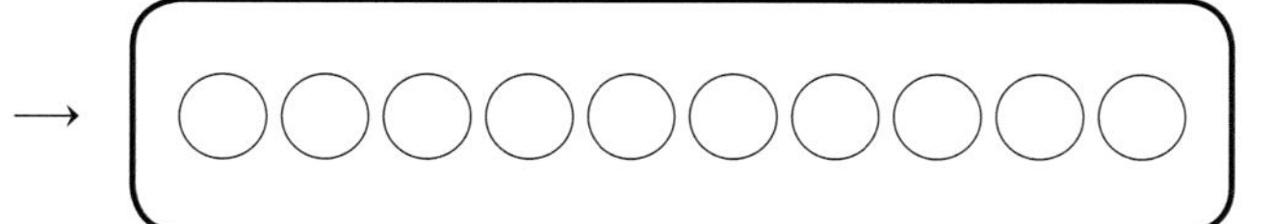

(4) $\frac{4}{5}$배 색칠하기

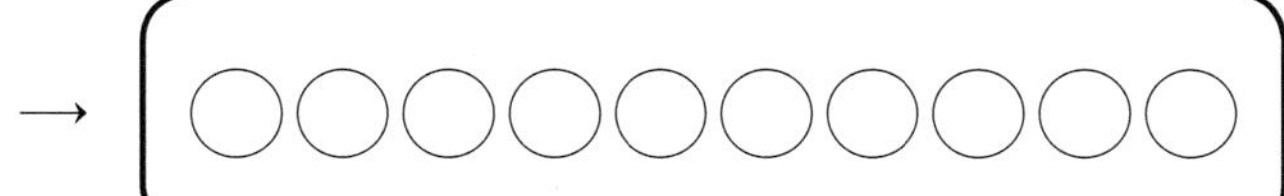

15 단계

분수 배만큼은 얼마일까요 ②

활동 01 보기처럼 묶고 □ 안에 알맞은 수를 써넣으세요.

보기

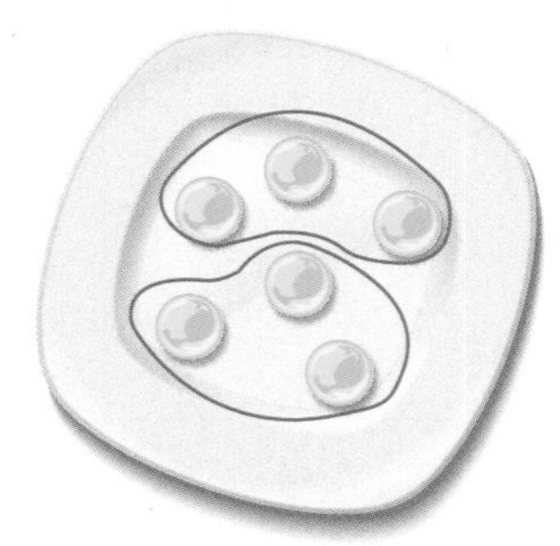

6개의 구슬을 3개씩 묶으면 2 묶음이 됩니다. 따라서 6의 $\frac{1}{2}$배는 3입니다.

(1)

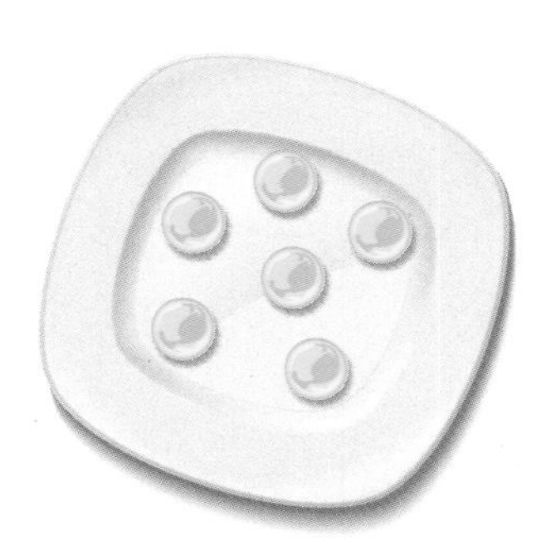

6개의 구슬을 □ 개씩 묶으면 3묶음이 됩니다. 따라서 6의 $\frac{1}{3}$배는 □ 입니다.

(2)

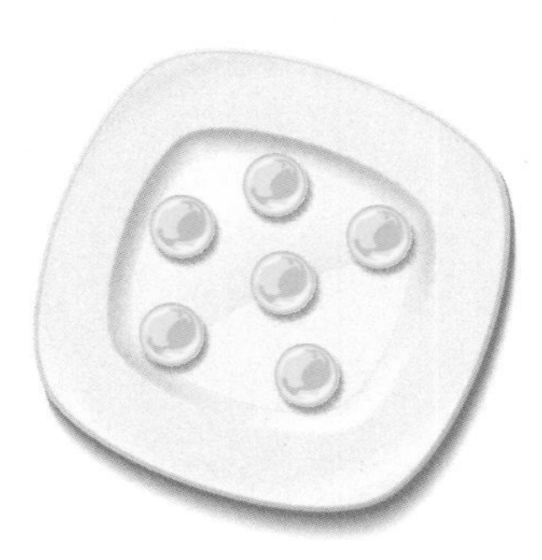

6개의 구슬을 □ 개씩 묶으면 3묶음이 됩니다. 따라서 6의 $\frac{2}{3}$배는 □ 입니다.

(3)

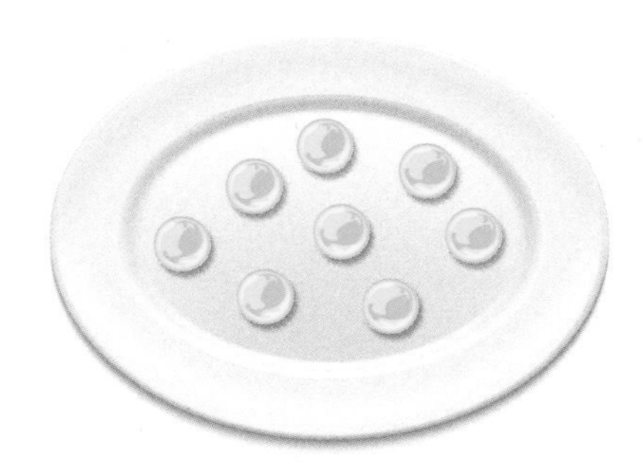

8개의 구슬을 □ 개씩 묶으면 □ 묶음이 됩니다. 따라서 8의 $\frac{1}{2}$배는 □ 입니다.

(4)

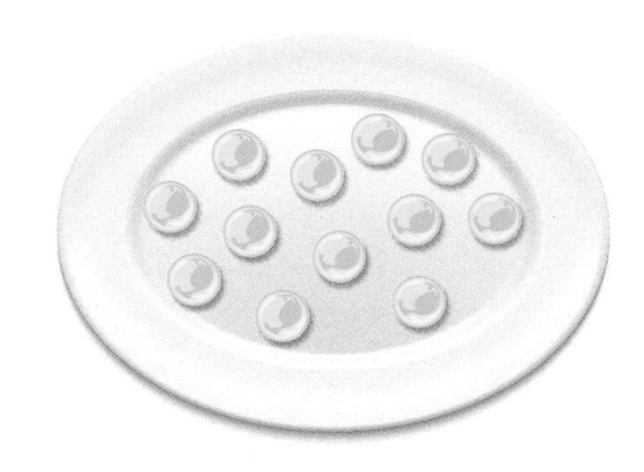

12개의 구슬을 □ 개씩 묶으면 □ 묶음이 됩니다. 따라서 12의 $\frac{1}{6}$배는 □ 입니다.

(5)

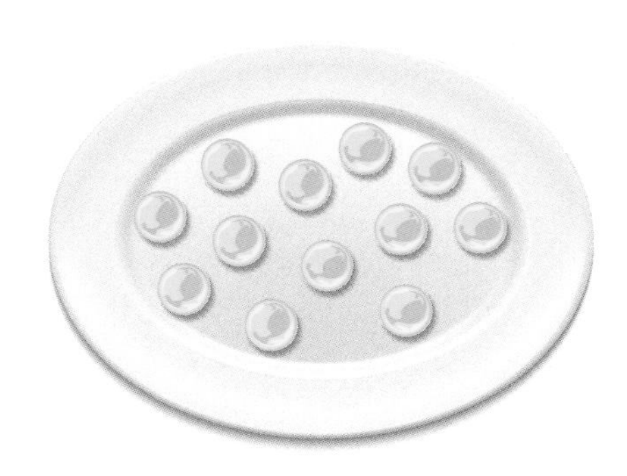

12개의 구슬을 □ 개씩 묶으면 □ 묶음이 됩니다. 따라서 12의 $\frac{4}{6}$배는 □ 입니다.

활동 02 □ 안에 알맞은 수를 써넣으세요.

9의 $\frac{1}{3}$배는 □ 입니다. 9의 $\frac{2}{3}$배는 □ 입니다.

9의 $\frac{3}{3}$배(1배)는 □ 입니다.

활동 03 □ 안에 알맞은 수를 써넣으세요.

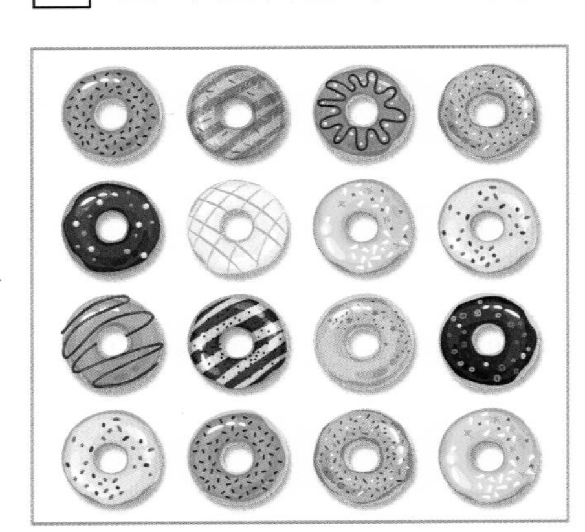

16의 $\frac{1}{4}$배는 □ 입니다.

16의 $\frac{2}{4}$배는 □ 입니다.

16의 $\frac{3}{4}$배는 □ 입니다.

16의 $\frac{4}{4}$배(1배)는 □ 입니다.

활동 04 □ 안에 알맞은 수를 써넣으세요.

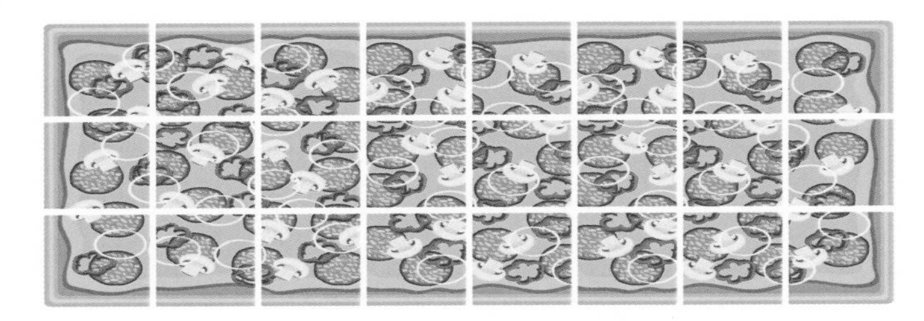

24의 $\frac{1}{6}$배는 □ 입니다. 24의 $\frac{2}{6}$배는 □ 입니다.

24의 $\frac{3}{6}$배는 □ 입니다. 24의 $\frac{4}{6}$배는 □ 입니다.

24의 $\frac{5}{6}$배는 □ 입니다. 24의 $\frac{6}{6}$배(1배)는 □ 입니다.

활동 05 □ 안에 알맞은 수를 써넣으세요.

(1) ●●●○○○ 6의 $\frac{1}{2}$배는 □ 입니다.

(2) ●●●●○○○○ 8의 $\frac{\square}{4}$배는 □ 입니다.

(3) ●●●●●●○○○ 9의 $\frac{\square}{3}$배는 □ 입니다.

(4) ●●●●●●○○○○ 10의 $\frac{\square}{5}$배는 □ 입니다.

(5) ●●●●●●●●●●○○○○

14의 $\frac{\square}{7}$배는 □ 입니다.

활동 06 □ 안에 알맞은 수를 써넣으세요.

(1) 6의 $\frac{2}{3}$배는 □ 입니다.

(2) 8의 $\frac{3}{4}$배는 □ 입니다.

(3) 12의 $\frac{4}{6}$배는 □ 입니다.

(4) 20의 $\frac{3}{5}$배는 □ 입니다.

(5) 21의 $\frac{4}{7}$배는 □ 입니다.

활동 07 □ 안에 알맞은 수를 써넣으세요.

(1)

16을 8씩 묶으면 □ 묶음이 됩니다.

8은 16의 $\frac{\square}{\square}$ 배 입니다. 16은 16의 $\frac{\square}{\square}$ 배 입니다.

(2)

16을 4씩 묶으면 4 묶음이 됩니다.

4는 16의 $\frac{\square}{\square}$ 배 입니다. 8은 16의 $\frac{\square}{\square}$ 배 입니다.

12는 16의 $\frac{\square}{\square}$ 배 입니다. 16은 16의 $\frac{\square}{\square}$ 배(입니다.

(3)

16을 2씩 묶으면 8 묶음이 됩니다.

2는 16의 $\frac{\square}{\square}$ 배 입니다. 4는 16의 $\frac{\square}{\square}$ 배 입니다.

6은 16의 $\frac{\square}{\square}$ 배 입니다. 8은 16의 $\frac{\square}{\square}$ 배 입니다.

10은 16의 $\frac{\square}{\square}$ 배 입니다. 12는 16의 $\frac{\square}{\square}$ 배 입니다.

14는 16의 $\frac{\square}{\square}$ 배 입니다. 16은 16의 $\frac{\square}{\square}$ 배 입니다.

(4)

18을 9씩 묶으면 □ 묶음이 됩니다.

9는 18의 $\frac{\square}{\square}$ 배 입니다. 18은 18의 $\frac{\square}{\square}$ 배입니다.

(5)

18을 6씩 묶으면 □ 묶음이 됩니다.

6은 18의 $\frac{\square}{\square}$ 배 입니다. 12는 18의 $\frac{\square}{\square}$ 배 입니다.

18은 18의 $\frac{\square}{\square}$ 배 입니다.

(6)

18을 2씩 묶으면 □ 묶음이 됩니다.

2는 18의 $\frac{\square}{\square}$ 배 입니다. 4는 18의 $\frac{\square}{\square}$ 배 입니다.

6은 18의 $\frac{\square}{\square}$ 배 입니다. 8은 18의 $\frac{\square}{\square}$ 배 입니다.

10은 18의 $\frac{\square}{\square}$ 배 입니다. 12는 18의 $\frac{\square}{\square}$ 배 입니다.

14는 18의 $\frac{\square}{\square}$ 배 입니다. 16은 18의 $\frac{\square}{\square}$ 배 입니다.

18은 18의 $\frac{\square}{\square}$ 배 입니다.

전체에 대한 분수 배가 얼마인지 알아보기

▶ **8의 $\frac{1}{4}$배 알아보기**

도토리 8개를 4묶음으로 똑같이 나누면 1묶음은 전체의 $\frac{1}{4}$배이므로

8의 $\frac{1}{4}$배는 2입니다.

부분을 전체의 분수 배로 나타내기

▶ **4는 6의 $\frac{2}{3}$배**

구슬 6개를 3묶음으로 똑같이 나누면 4는 2묶음이므로

4는 6의 $\frac{2}{3}$배입니다.

활동 08 보기처럼 나타내고 □ 안에 알맞은 수를 써넣으세요.

보기

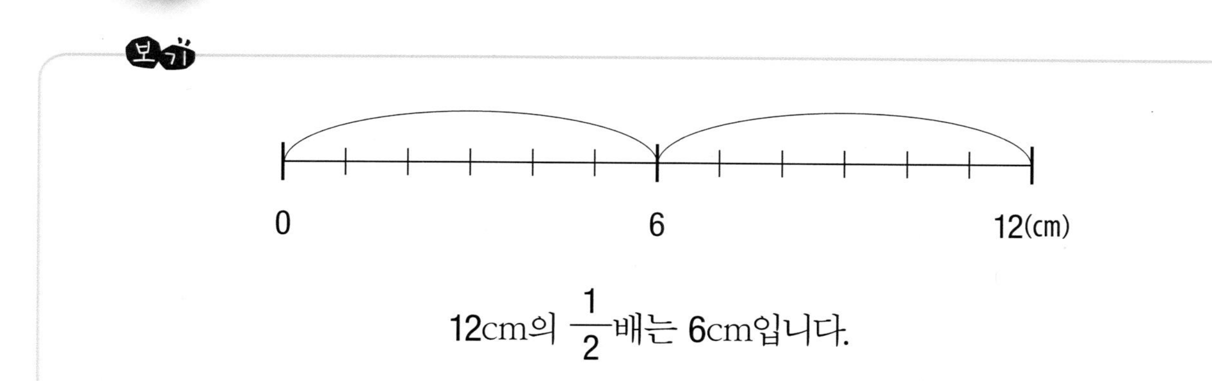

12cm의 $\frac{1}{2}$배는 6cm입니다.

(1)

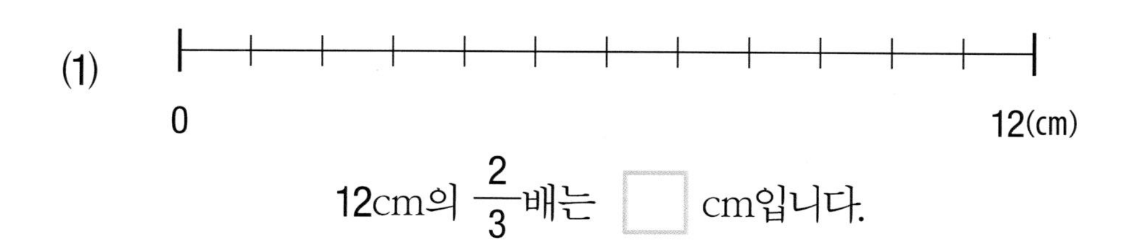

12cm의 $\frac{2}{3}$배는 □ cm입니다.

(2)

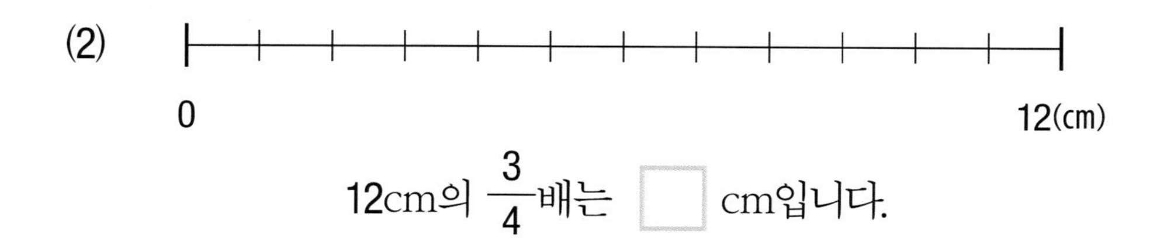

12cm의 $\frac{3}{4}$배는 □ cm입니다.

(3)

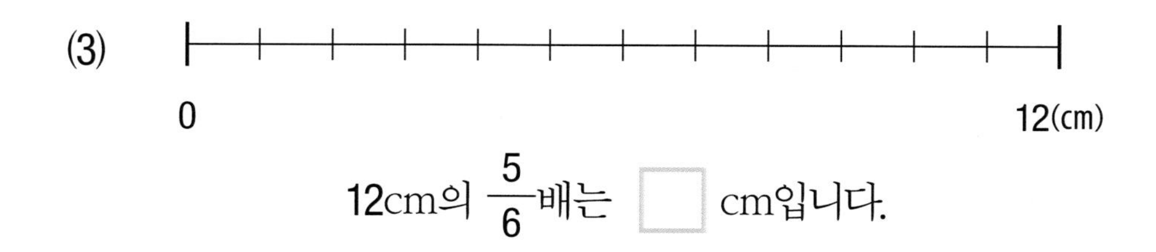

12cm의 $\frac{5}{6}$배는 □ cm입니다.

(4)

0 12(cm)

12cm의 $\frac{6}{6}$배는 □ cm입니다.

활동 09 보기처럼 나타내고 □ 안에 알맞은 수를 써넣으세요.

보기

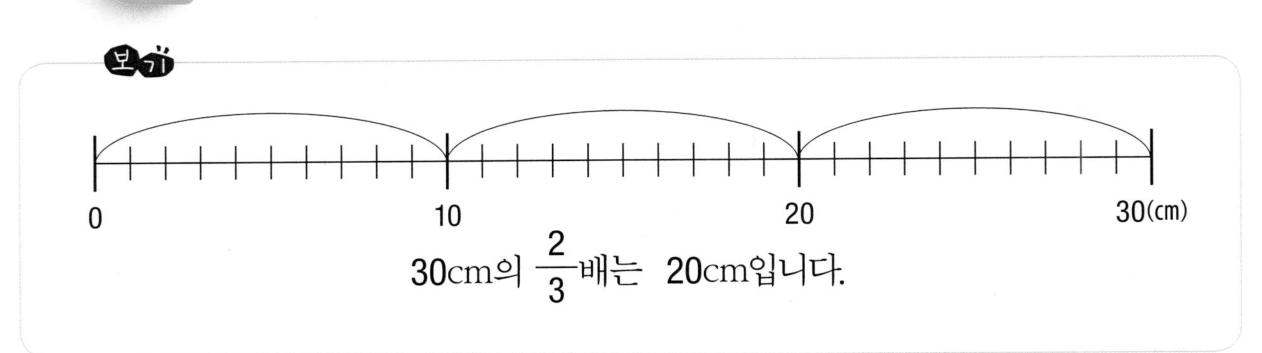

30cm의 $\frac{2}{3}$배는 20cm입니다.

(1)

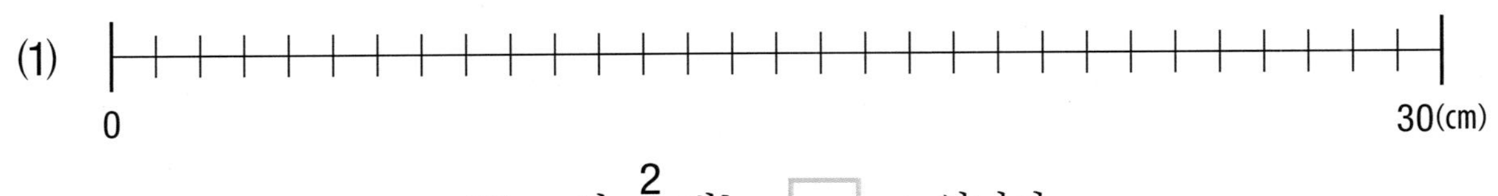

30cm의 $\frac{2}{5}$배는 □ cm입니다.

(2)

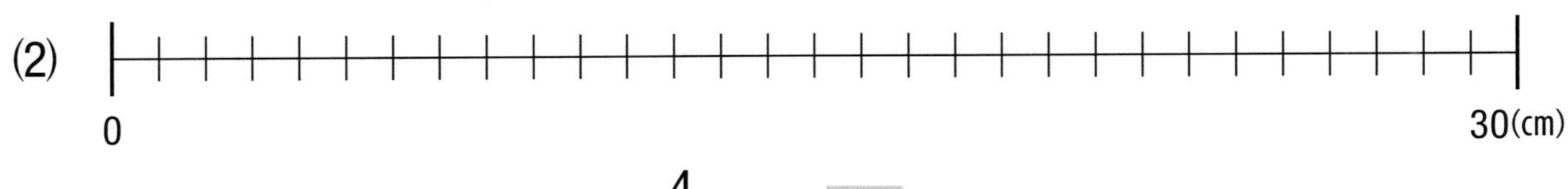

30cm의 $\frac{4}{5}$배는 □ cm입니다.

(3)

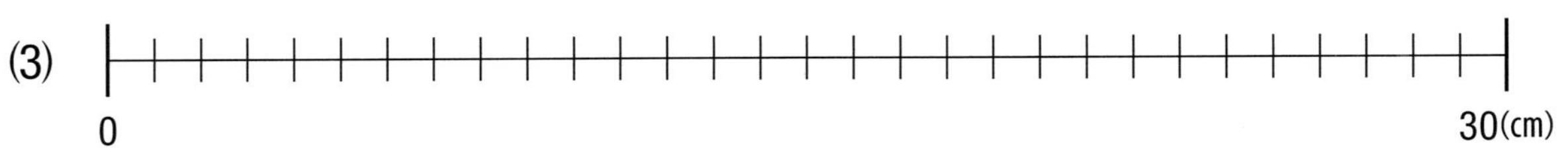

30cm의 $\frac{2}{6}$배는 □ cm입니다.

(4)

0 30(cm)

30cm의 $\frac{5}{6}$배는 □ cm입니다.

16 단계

14~15단계 활동 다지기

문제 01 분수만큼 색칠해 보세요.

(1)

24의 $\frac{3}{8}$배

(2) 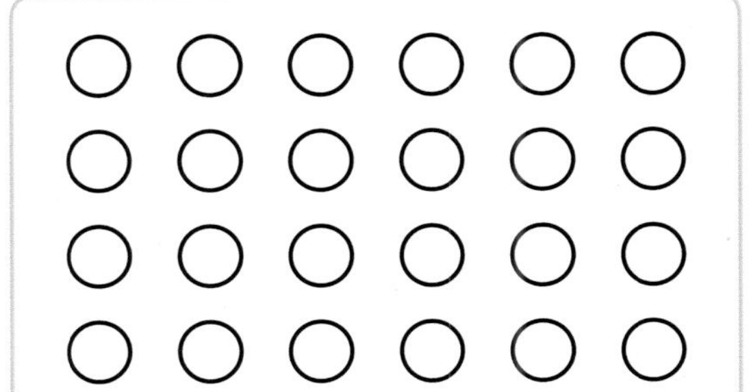

24의 $\frac{3}{6}$배

문제  □ 안에 알맞은 수를 써넣으세요.

(1) 

9는 12의 $\frac{\square}{\square}$배

(2) 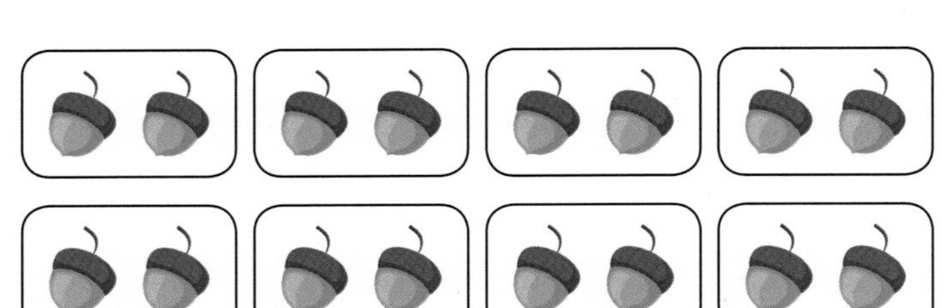

10은 16의 $\frac{\square}{\square}$배

(3) 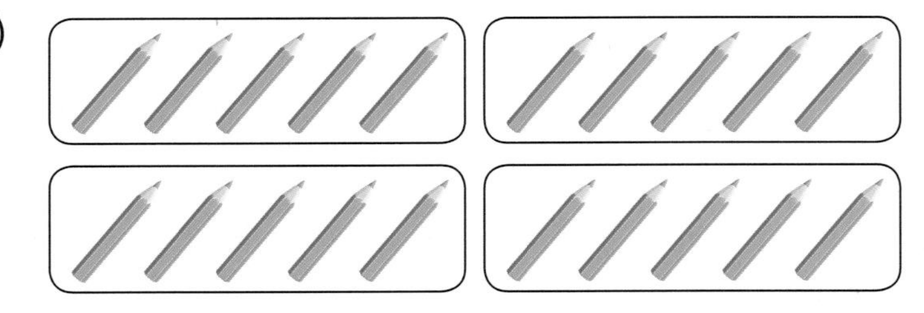

15는 20의 $\frac{\square}{\square}$배

문제 03 보기처럼 나타내고 □ 안에 알맞은 수를 써넣으세요.

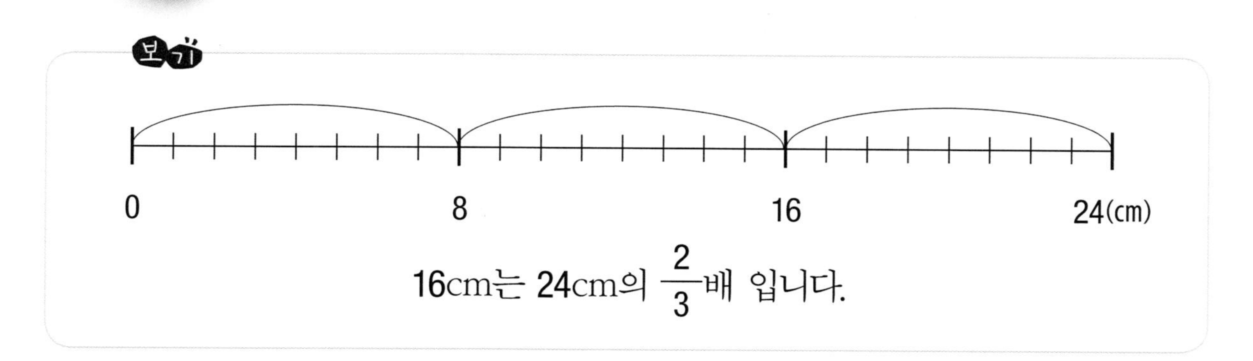

16cm는 24cm의 $\frac{2}{3}$배 입니다.

(1)
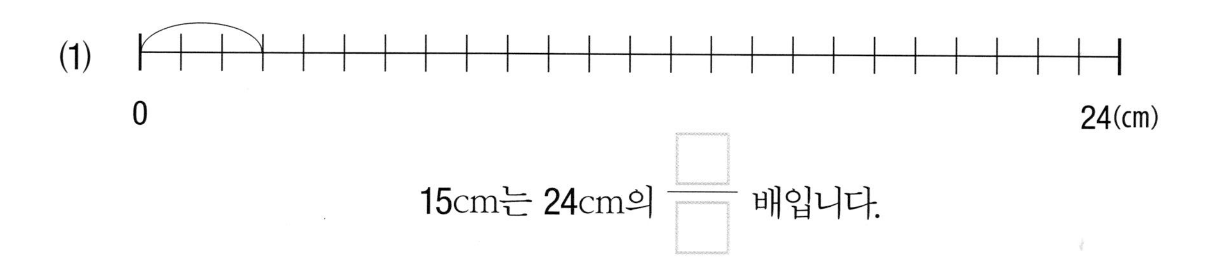

15cm는 24cm의 $\frac{\square}{\square}$ 배입니다.

(2)
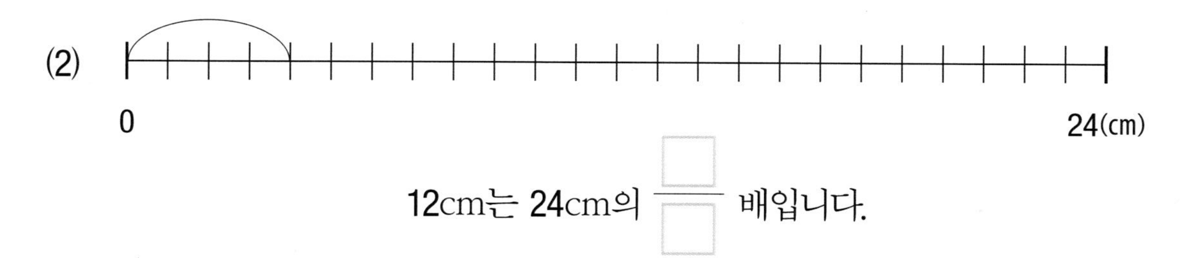

12cm는 24cm의 $\frac{\square}{\square}$ 배입니다.

(3)
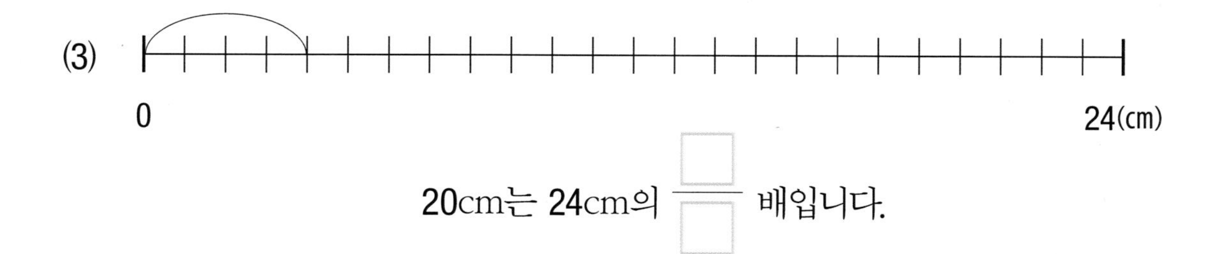

20cm는 24cm의 $\frac{\square}{\square}$ 배입니다.

(4)
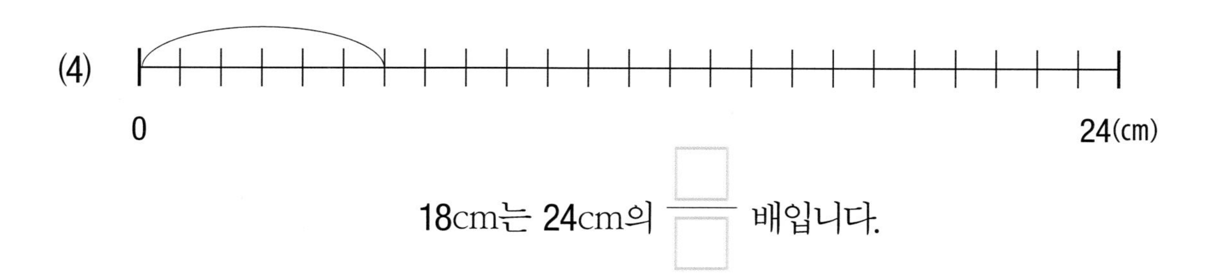

18cm는 24cm의 $\frac{\square}{\square}$ 배입니다.

문제 04 □ 안에 알맞은 수를 써넣으세요.

(1)

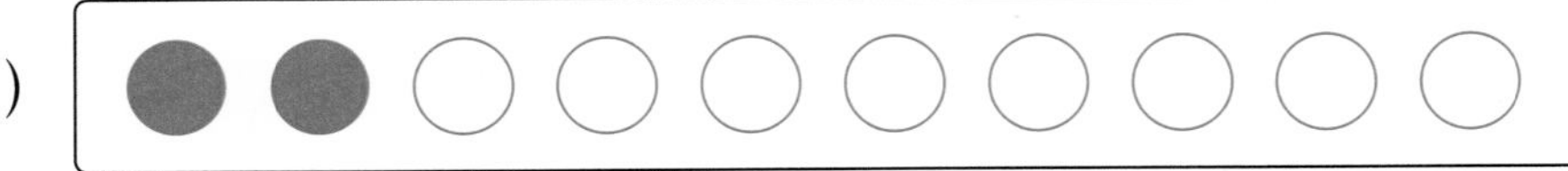

10의 $\frac{\square}{5}$배는 □ 입니다.

(2)

14의 $\frac{2}{\square}$배는 □ 입니다.

(3)

14의 $\frac{\square}{7}$배는 □ 입니다.

문제 05 □ 안에 알맞은 수를 써넣으세요.

1시간의 $\frac{2}{3}$배는 □ 분입니다.

1시간의 $\frac{3}{4}$배는 □ 분입니다.

1시간의 $\frac{5}{6}$배는 □ 분입니다.

문제 06 □ 안에 알맞은 수를 써넣으세요.

(1) 12cm는 $\frac{5}{6}$배는 □ cm입니다.

(2) 18cm의 $\frac{7}{9}$배는 □ cm입니다.

(3) 18cm의 $\frac{2}{6}$배는 □ cm입니다.

(4) 15cm의 $\frac{3}{5}$배는 □ cm입니다.

(5) 16cm의 $\frac{3}{8}$배는 □ cm입니다.

문제 07 □ 안에 알맞은 수를 써넣으세요.

(1) 16cm는 18cm의 $\frac{\square}{9}$배입니다.

(2) 15cm는 18cm의 $\frac{\square}{6}$배입니다.

(3) 10cm는 18cm의 $\frac{\square}{9}$배입니다.

(4) 21cm는 24cm의 $\frac{\square}{8}$배입니다.

(5) 14cm는 21cm의 $\frac{\square}{3}$배입니다.

17 단계

분수의 종류

진분수, 가분수, 대분수

활동 01 □ 안에 알맞은 분수를 쓰고 물음에 답하세요.

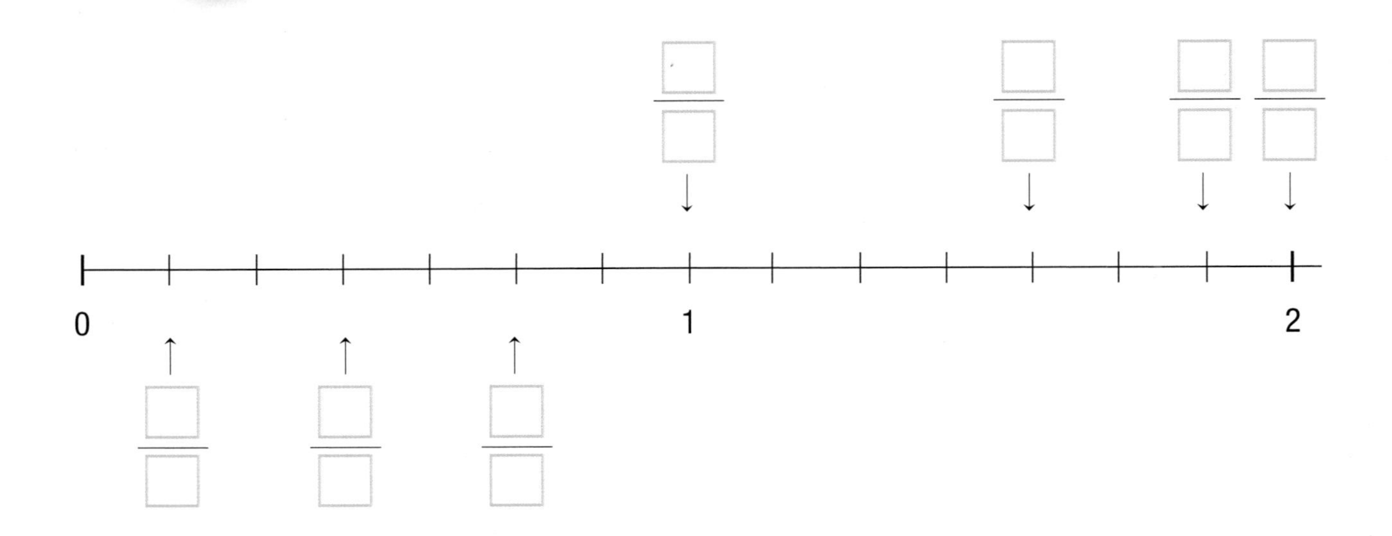

(1) 위 분수 중 분자가 분모보다 작은 분수를 모두 써 보세요.

(2) 위 분수 중 분자가 분모보다 큰 분수를 모두 써 보세요.

(3) 위 분수 중 분자와 분모가 같은 분수를 모두 써 보세요.

핵심 콕! 콕!

$\frac{1}{4}$, $\frac{2}{4}$, $\frac{3}{4}$과 같이 분자가 분모보다 작은 분수를 진분수라고 합니다.

$\frac{4}{4}$, $\frac{5}{4}$와 같이 분자가 분모와 같거나 분모보다 큰 분수를 가분수라고 합니다.

$\frac{4}{4}$는 1과 같습니다. 1, 2, 3과 같은 수를 자연수라고 합니다.

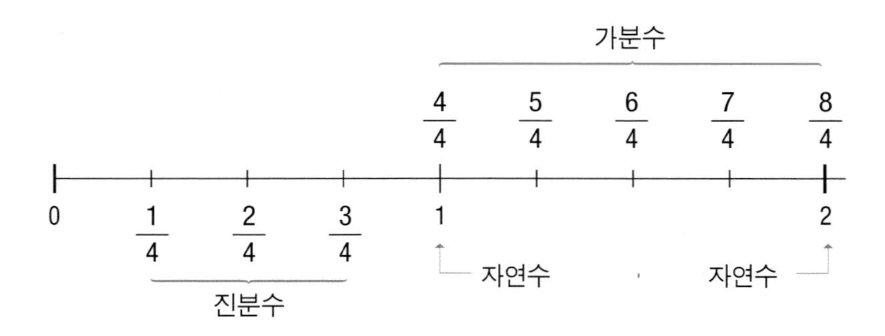

활동 02 □ 안에 알맞은 분수를 쓰고 물음에 답하세요.

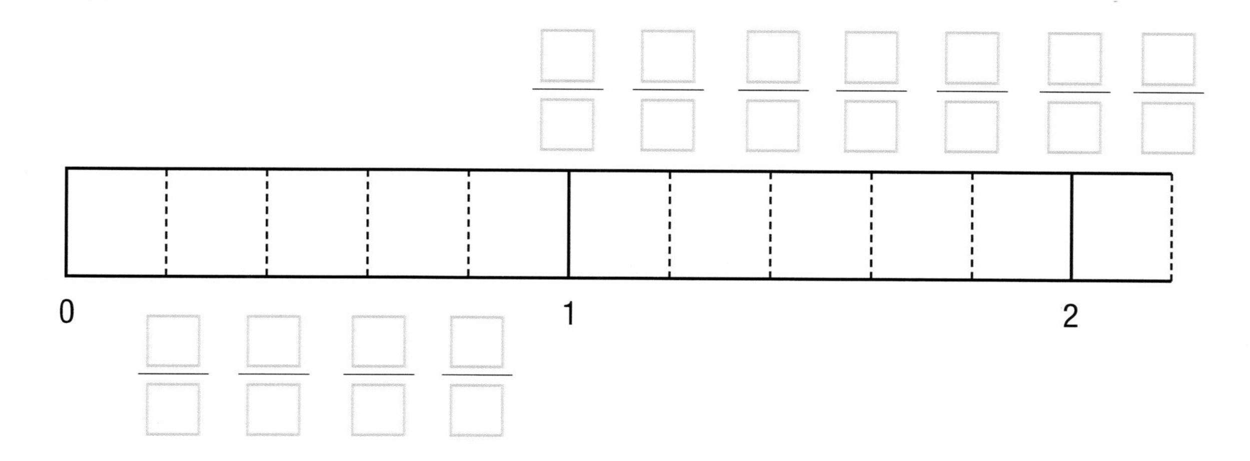

(1) 위 분수 중 진분수는 몇 개입니까?

(2) 위 분수 중 가분수는 몇 개입니까?

(3) 자연수 1을 나타낸 분수를 써 보세요.

(4) 자연수 2를 나타낸 분수를 써 보세요.

활동 03 다음 분수를 진분수, 가분수로 구분해 보세요.

$\frac{5}{6}$ $\frac{1}{6}$ $\frac{9}{6}$ $\frac{12}{6}$ $\frac{6}{6}$ $\frac{2}{6}$ $\frac{13}{6}$

(1) 진분수:

(2) 가분수:

활동 04 보기와 같이 □ 안에 알맞은 수를 써넣으세요.

보기

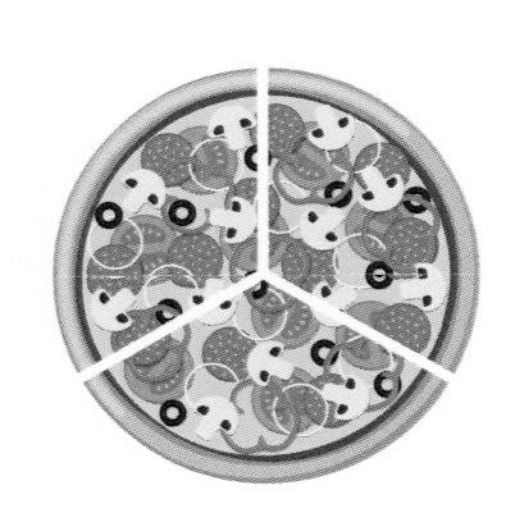

$\frac{\boxed{1}}{\boxed{3}}$의 $\boxed{3}$ 배는 $\frac{\boxed{3}}{\boxed{3}}$ 또는 $\boxed{1}$ 입니다.

(1)

$\frac{\square}{\square}$의 □ 배는 $\frac{\square}{\square}$ 또는 □ 입니다.

(2)

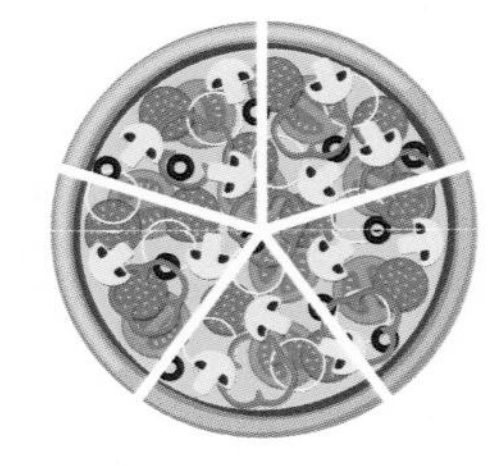

$\frac{\square}{\square}$의 □ 배는 $\frac{\square}{\square}$ 또는 □ 입니다.

(3)

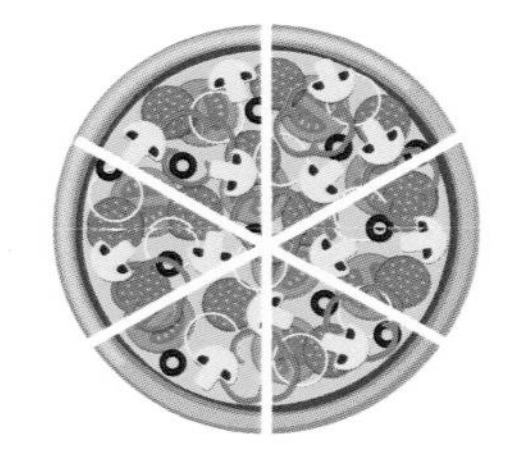

$\frac{\square}{\square}$의 □ 배는 $\frac{\square}{\square}$ 또는 □ 입니다.

(4)

$\frac{\square}{\square}$의 □ 배는 $\frac{\square}{\square}$ 또는 □ 입니다.

(5)

$\frac{\square}{\square}$의 □ 배는 $\frac{\square}{\square}$ 또는 □ 입니다.

보기와 같이 □ 안에 알맞은 수를 써넣으세요.

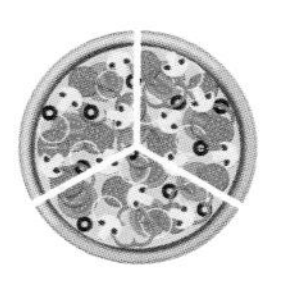

피자 한 판

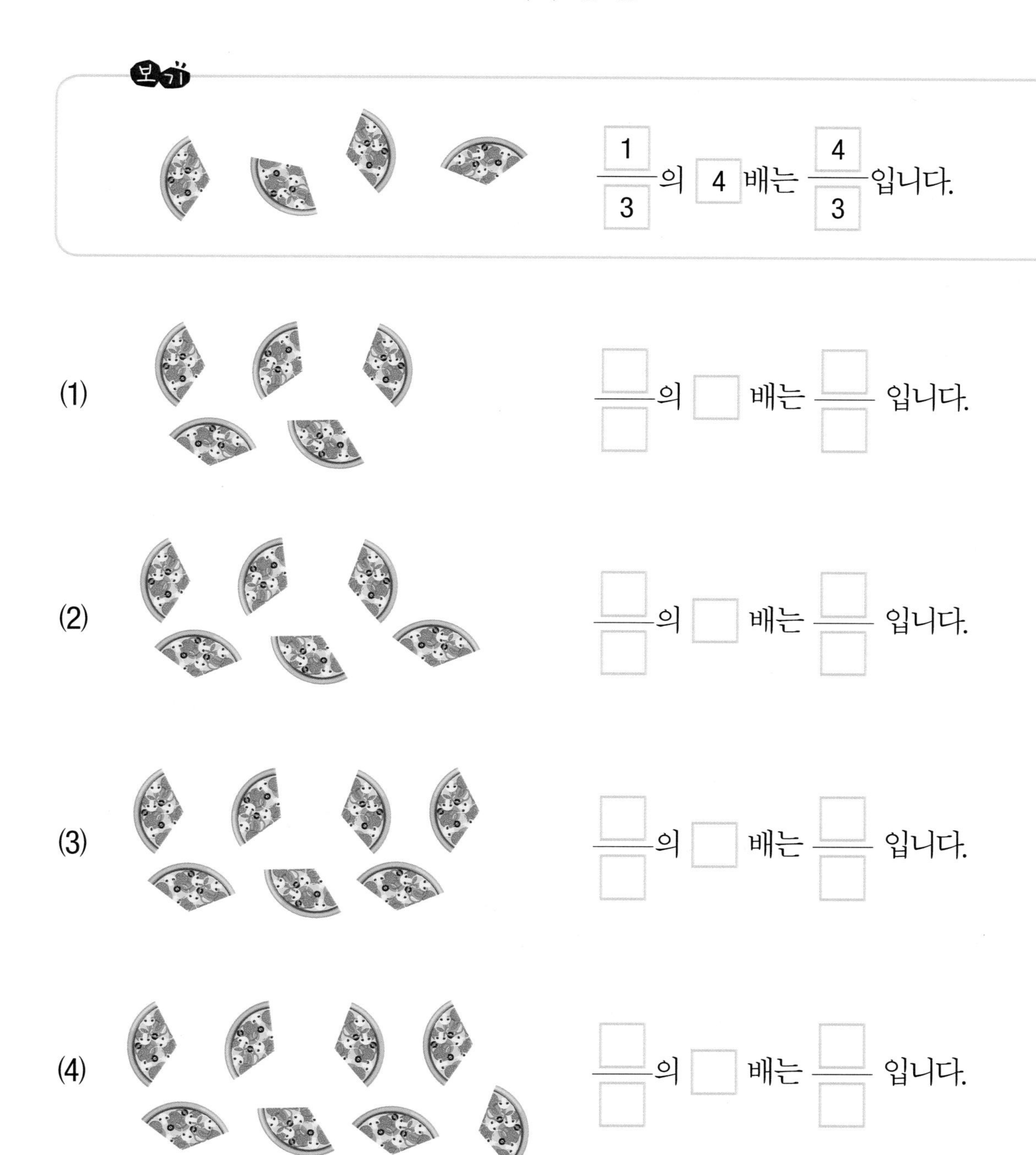

활동 06 보기와 같이 □ 안에 알맞은 수를 써넣으세요.

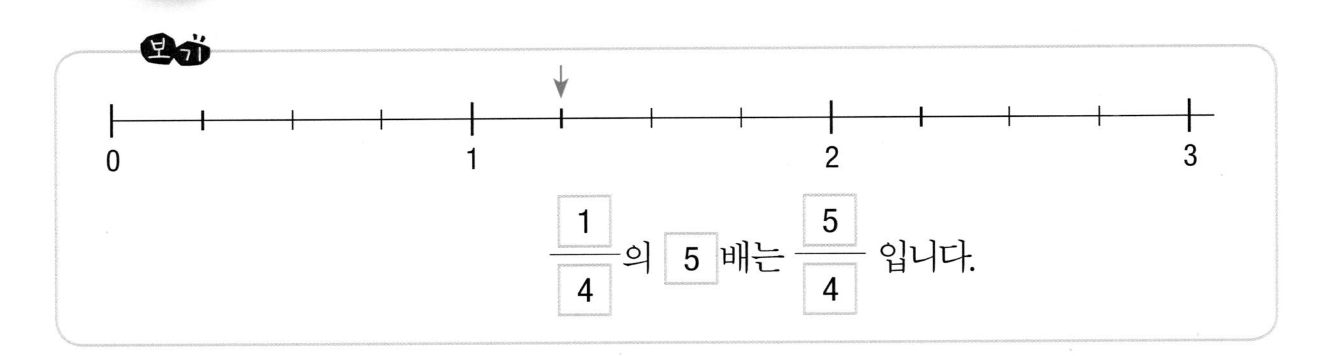

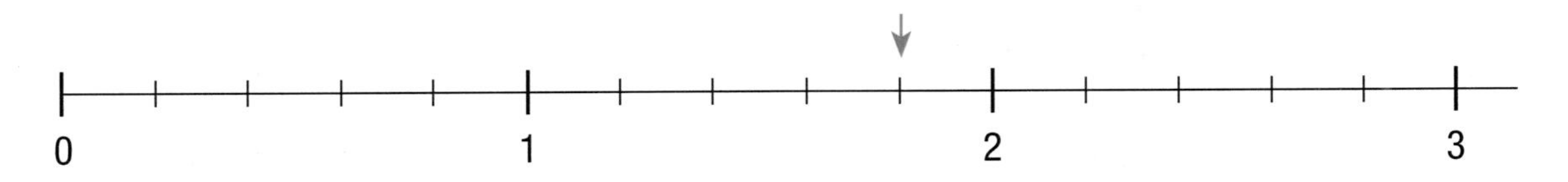

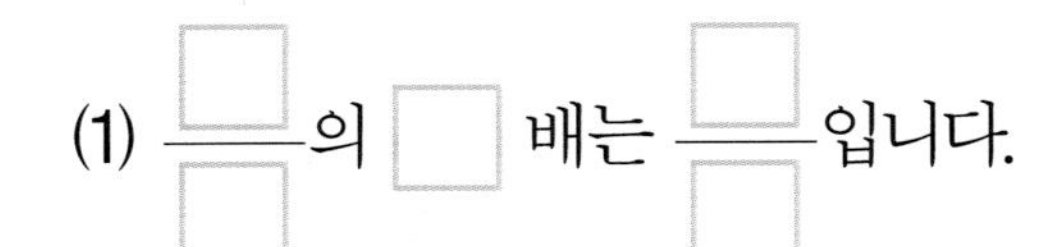

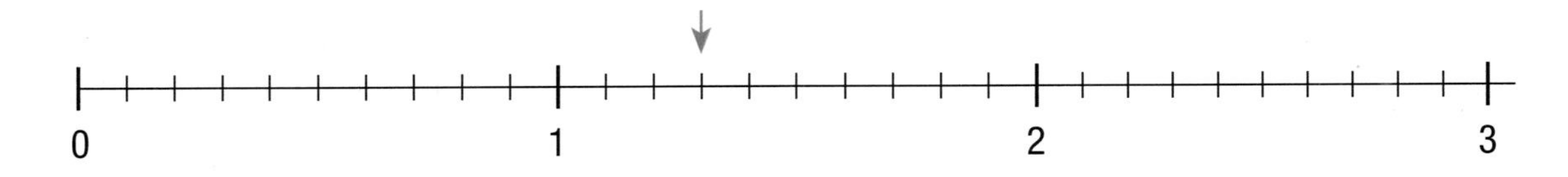

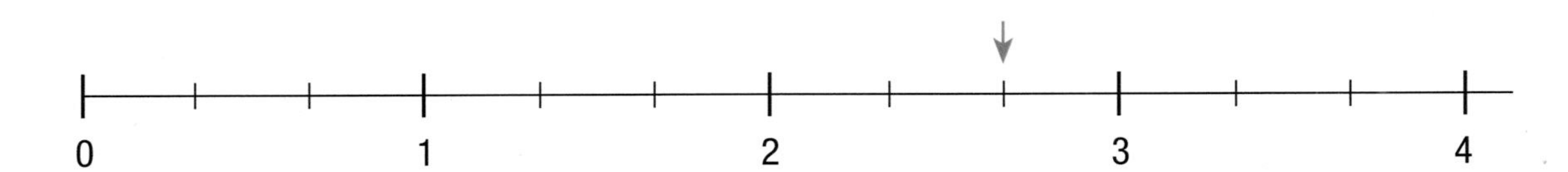

(3) $\frac{\square}{\square}$ 의 □ 배는 $\frac{\square}{\square}$ 입니다.

(4) $\frac{\square}{\square}$ 의 □ 배는 $\frac{\square}{\square}$ 입니다.

활동 07 자연수를 가분수로 나타내어 보세요.

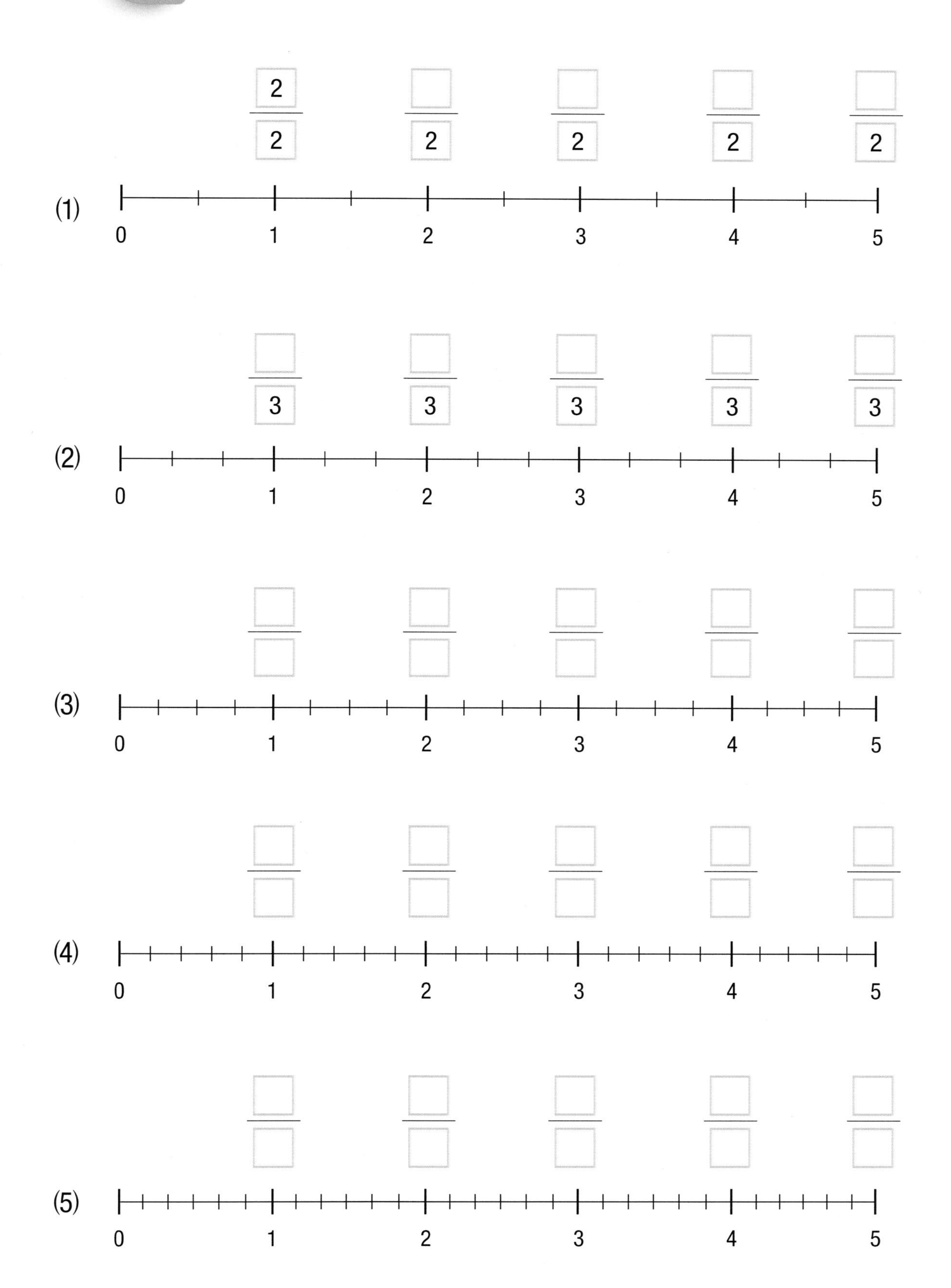

활동 08 보기와 같이 □ 안에 알맞은 수를 써넣으세요.

보기

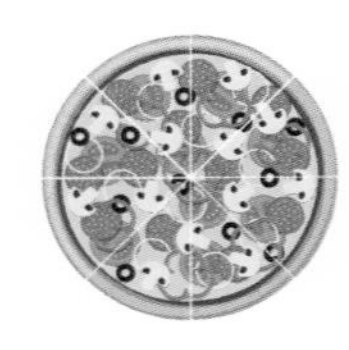 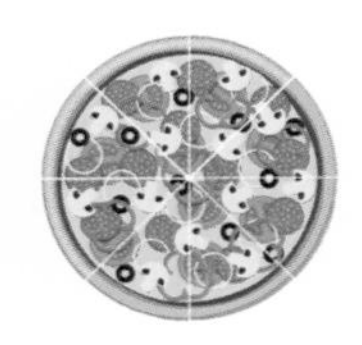

$\frac{2}{1} = 2$

(1)   

$\frac{\square}{1} = \square$

(2)    

$\frac{\square}{1} = \square$

(3)      

$\frac{\square}{1} = \square$

(4)  

$\frac{\square}{1} = \square$

(5) 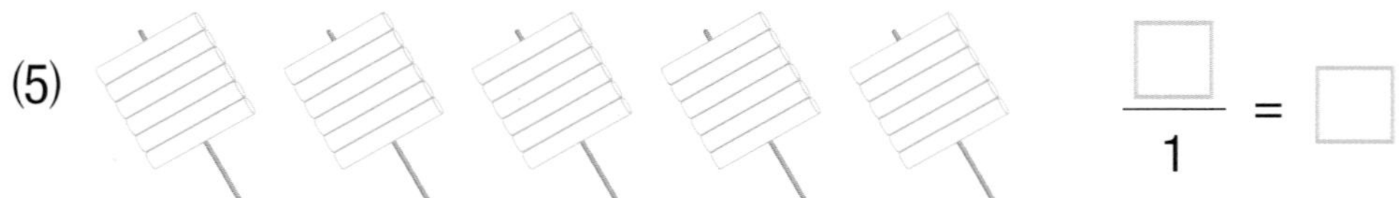  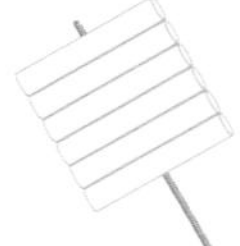   

$\frac{\square}{1} = \square$

활동 09 초콜릿이 $\frac{3}{6}$ 일 때 $\frac{7}{6}$ 을 그려 보세요.

활동 10 초콜릿이 $\frac{4}{8}$ 일 때 $\frac{9}{8}$ 를 그려 보세요.

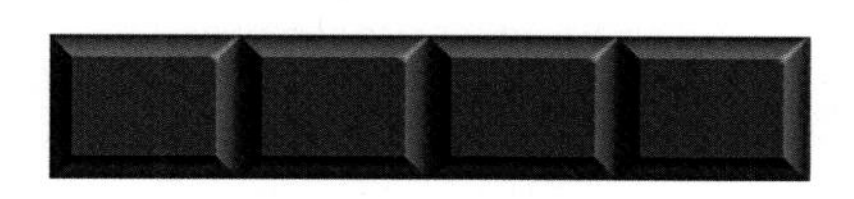

활동 11 초콜릿이 $\frac{6}{9}$ 일 때 $\frac{11}{9}$ 을 그려 보세요.

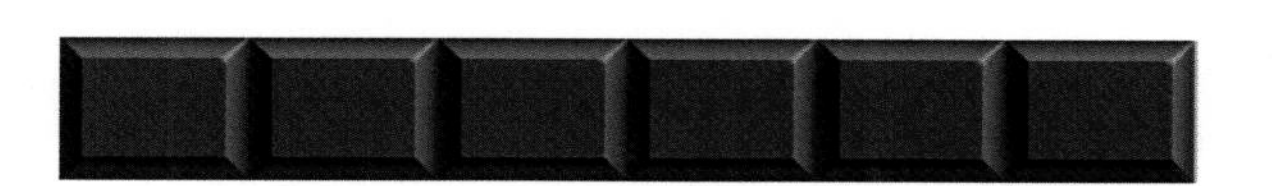

활동 12 초콜릿이 $\frac{2}{3}$ 일 때 $\frac{7}{3}$ 을 그려 보세요.

활동 13 초콜릿이 $\frac{3}{4}$ 일 때 $\frac{9}{4}$ 을 그려 보세요.

활동 14 직사각형이 $\frac{4}{3}$ 일 때 $\frac{2}{3}$ 를 그리고 색칠해 보세요.

→

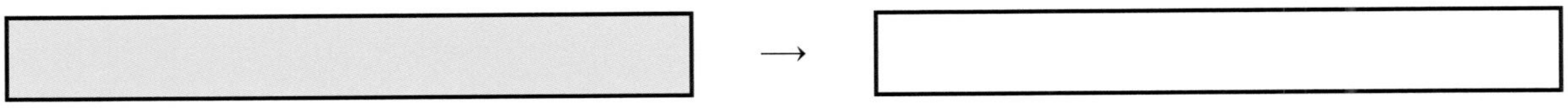

활동 15 직사각형이 $\frac{6}{4}$ 일 때 $\frac{3}{4}$ 을 그리고 색칠해 보세요.

→

활동 16 직사각형이 $\frac{8}{7}$ 일 때 $\frac{2}{7}$ 를 그리고 색칠해 보세요.

→

활동 17 직사각형이 $\frac{4}{3}$ 일 때 1을 그리고 색칠해 보세요.

→

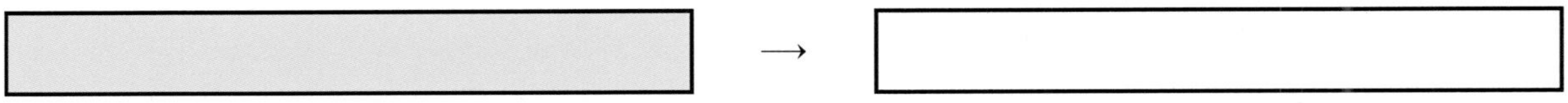

활동 18 직사각형이 $\frac{8}{6}$ 일 때 1을 그리고 색칠해 보세요.

→

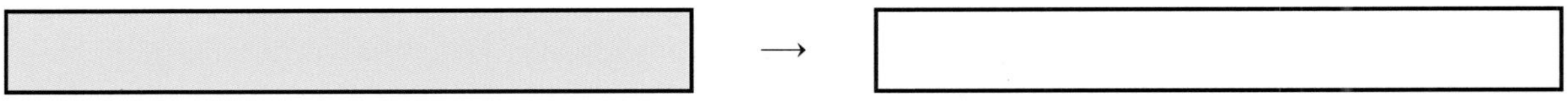

활동 19 □ 안에 알맞은 수를 써넣으세요.

(1)

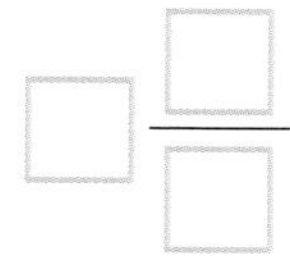

(2)

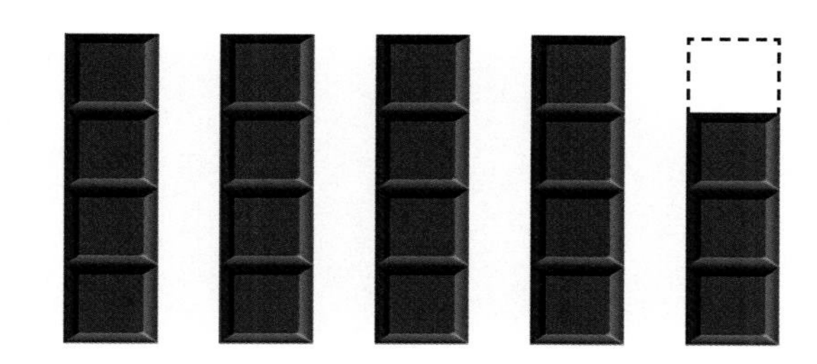

(3)

(4)

핵심 콕! 콕!

1과 $\frac{1}{4}$ 은 $1\frac{1}{4}$라고 쓰고, 1과 4분의 1이라고 읽습니다.

$1\frac{1}{4}$과 같이 자연수와 진분수로 이루어진 분수를 대분수라고 합니다.

활동 20 대분수로 나타내어 보세요.

(1)

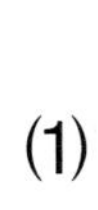
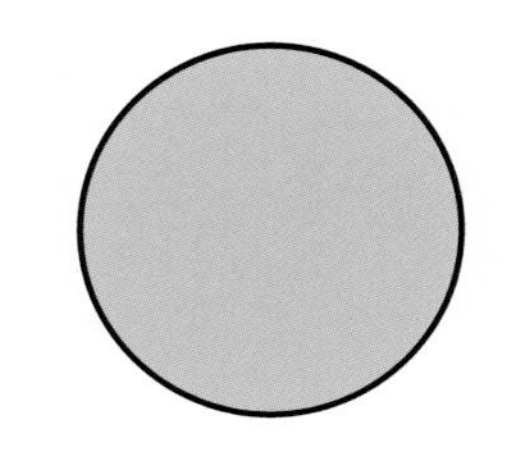

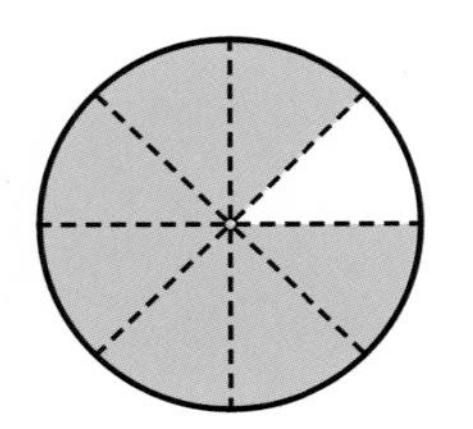

(2)

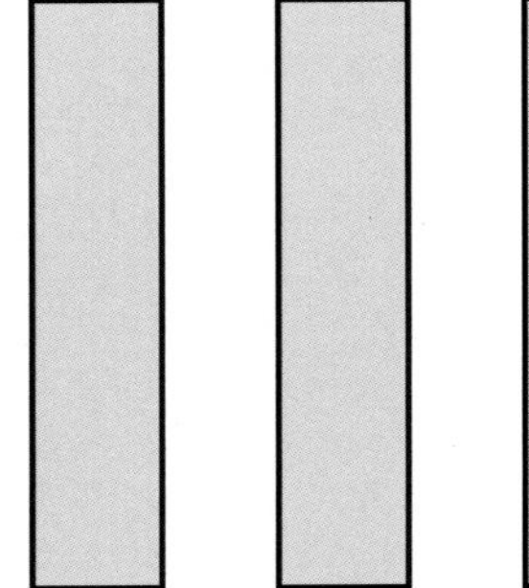
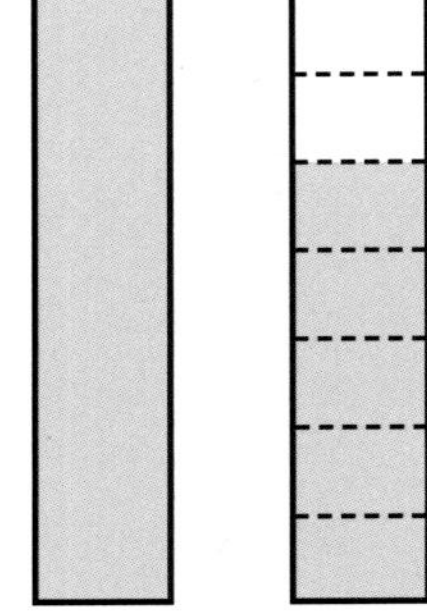

(3)

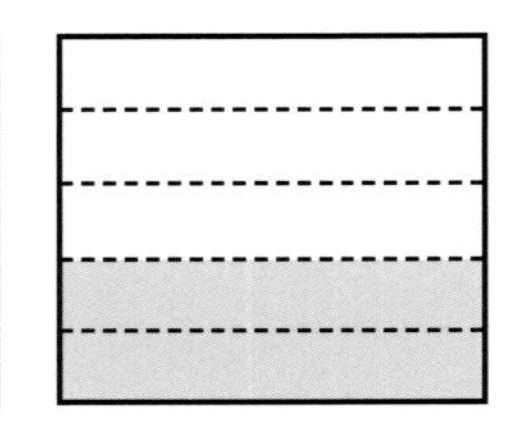

(4)

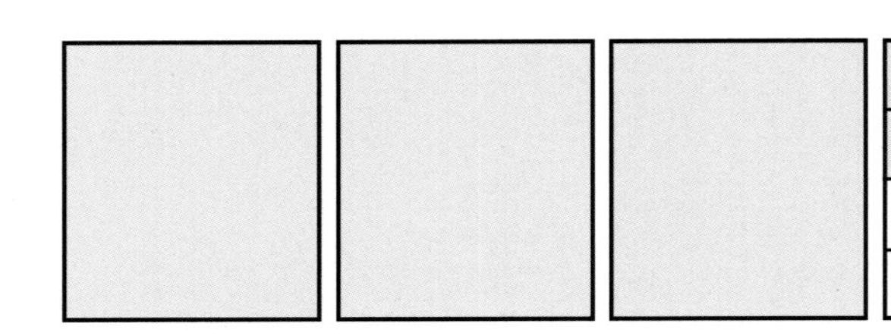
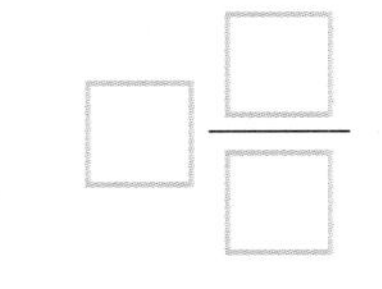

(5)

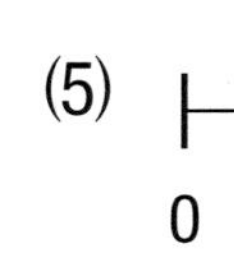
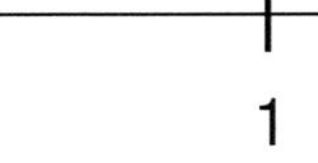

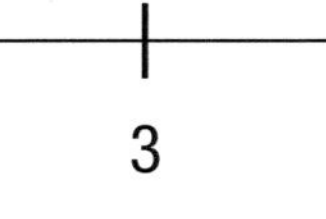
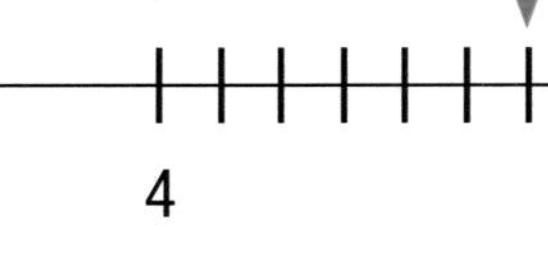

활동 21 대분수로 나타내어 보세요.

(1)

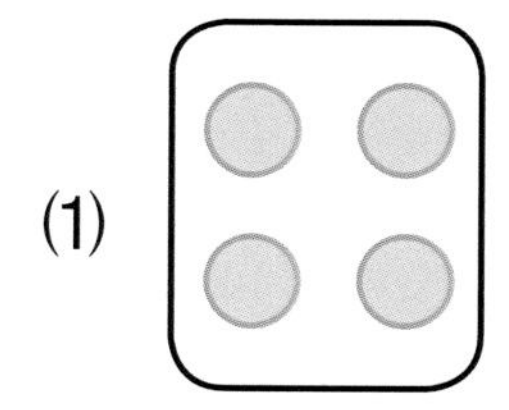
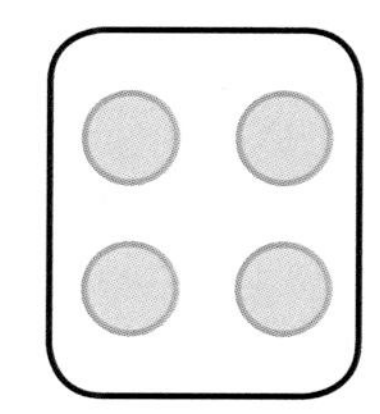
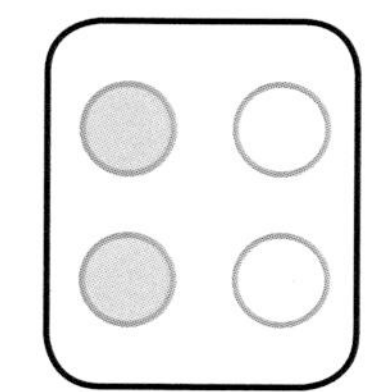

(2)

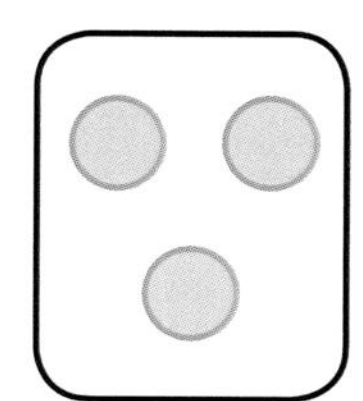
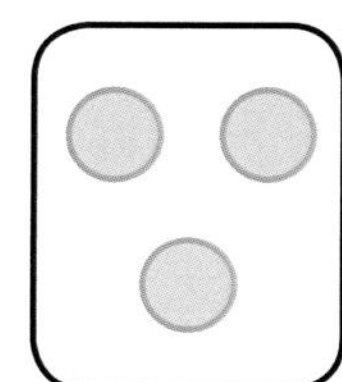
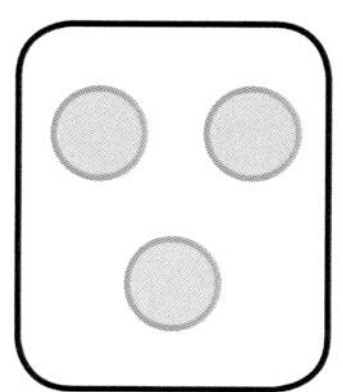
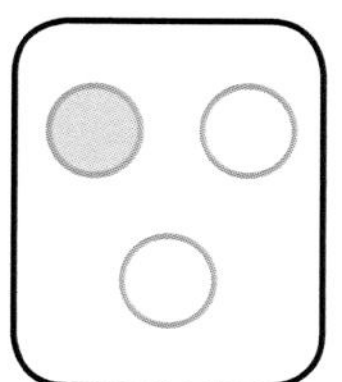
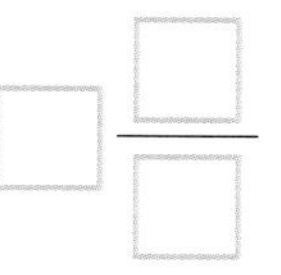

(3)

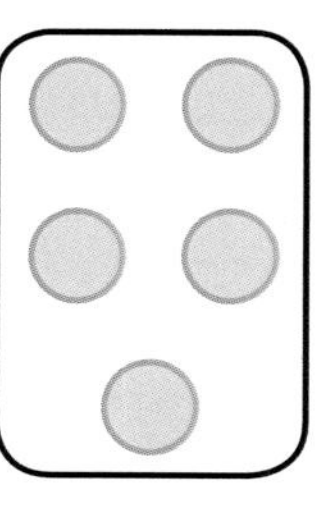
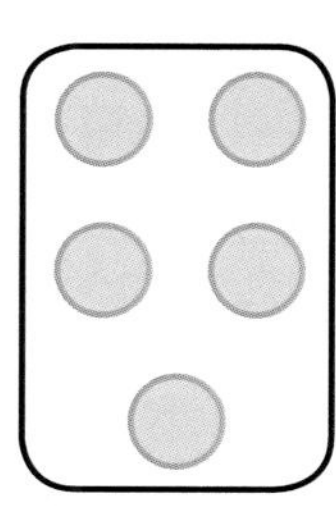
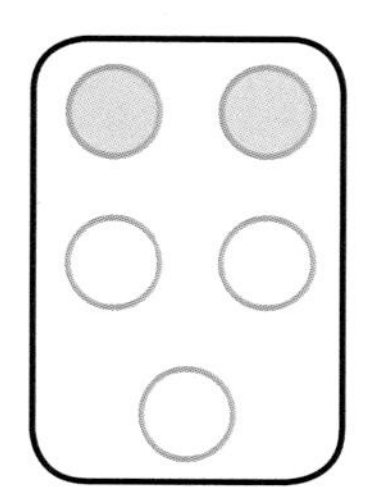
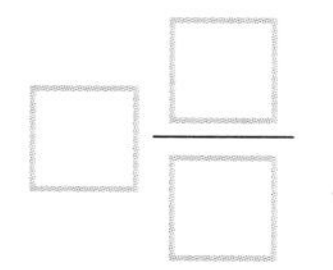

활동 22 자연수를 대분수로 나타내어 보세요.

$1\frac{2}{2}$	$2\frac{\square}{\square}$	$3\frac{\square}{\square}$	$4\frac{\square}{\square}$

(1)

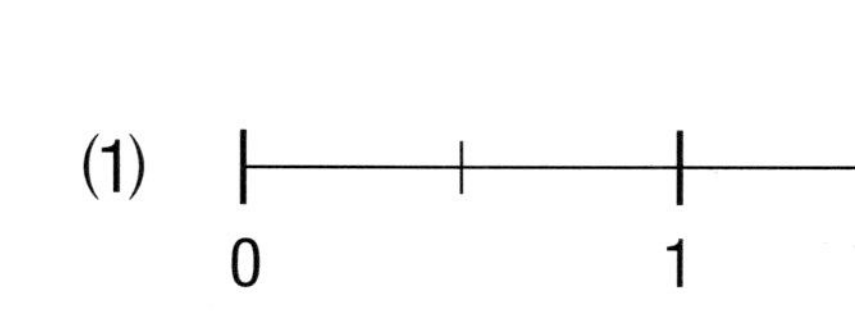
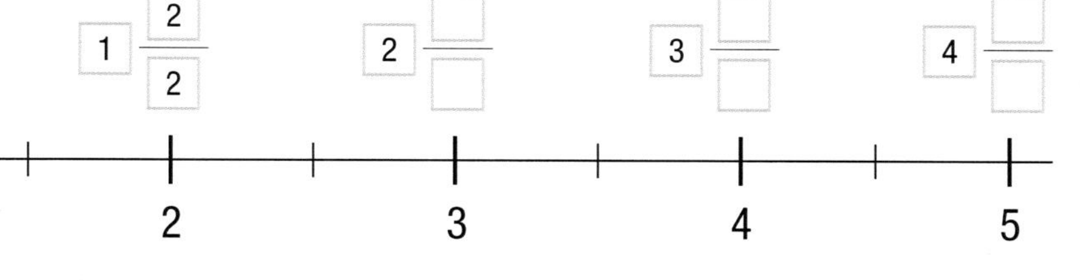

0 1 2 3 4 5

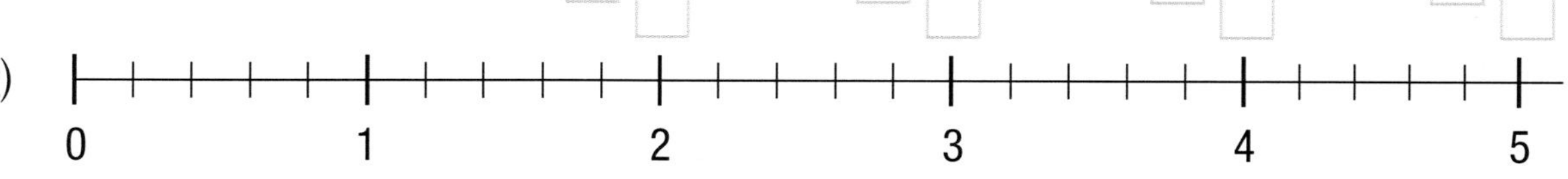

0 1 2 3 4 5

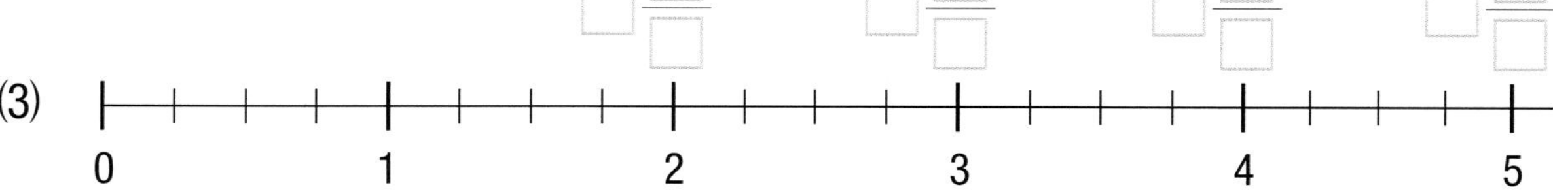

0 1 2 3 4 5

활동 23 가분수를 대분수로 나타내어 보세요.

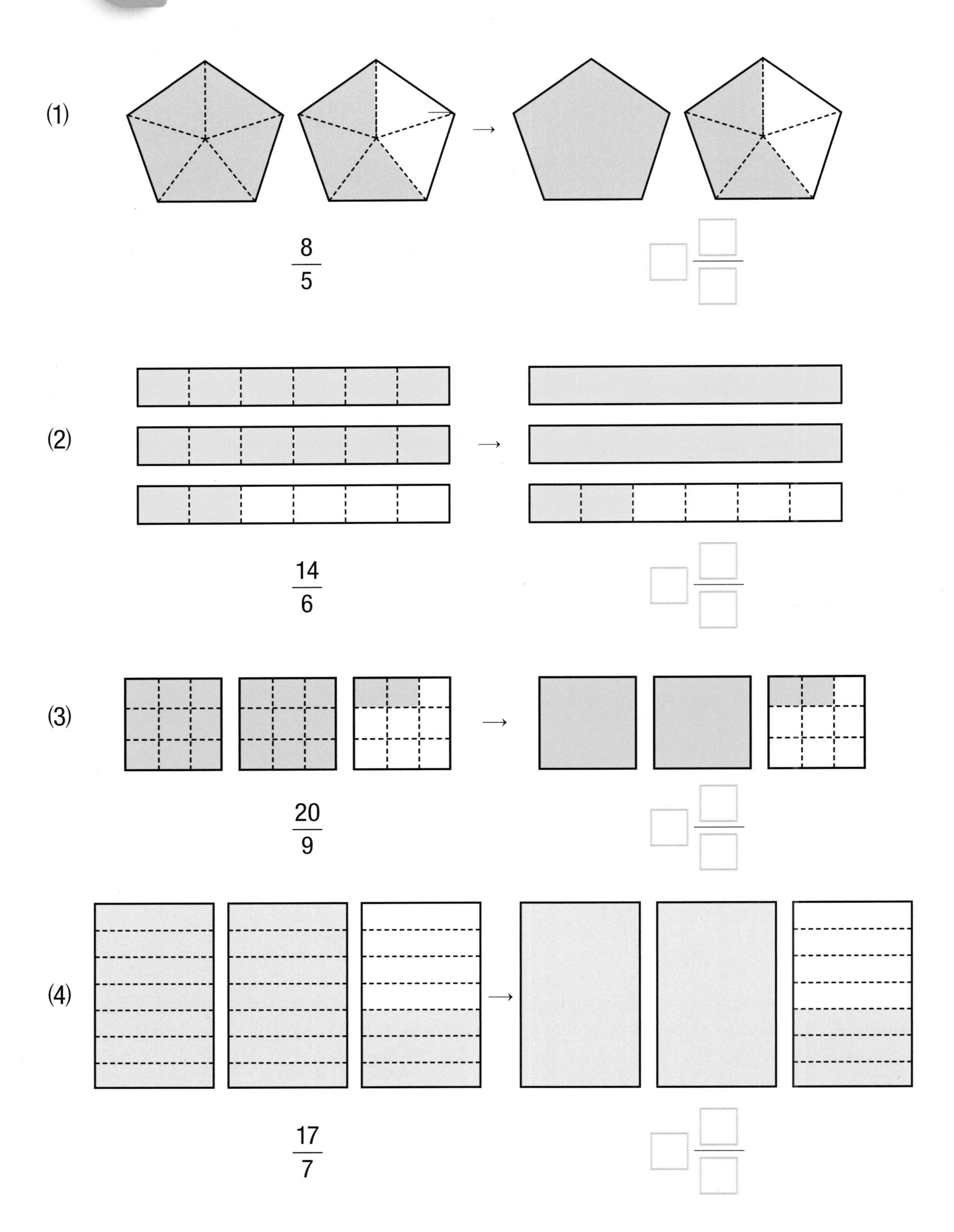

대분수를 가분수로 나타내어 보세요.

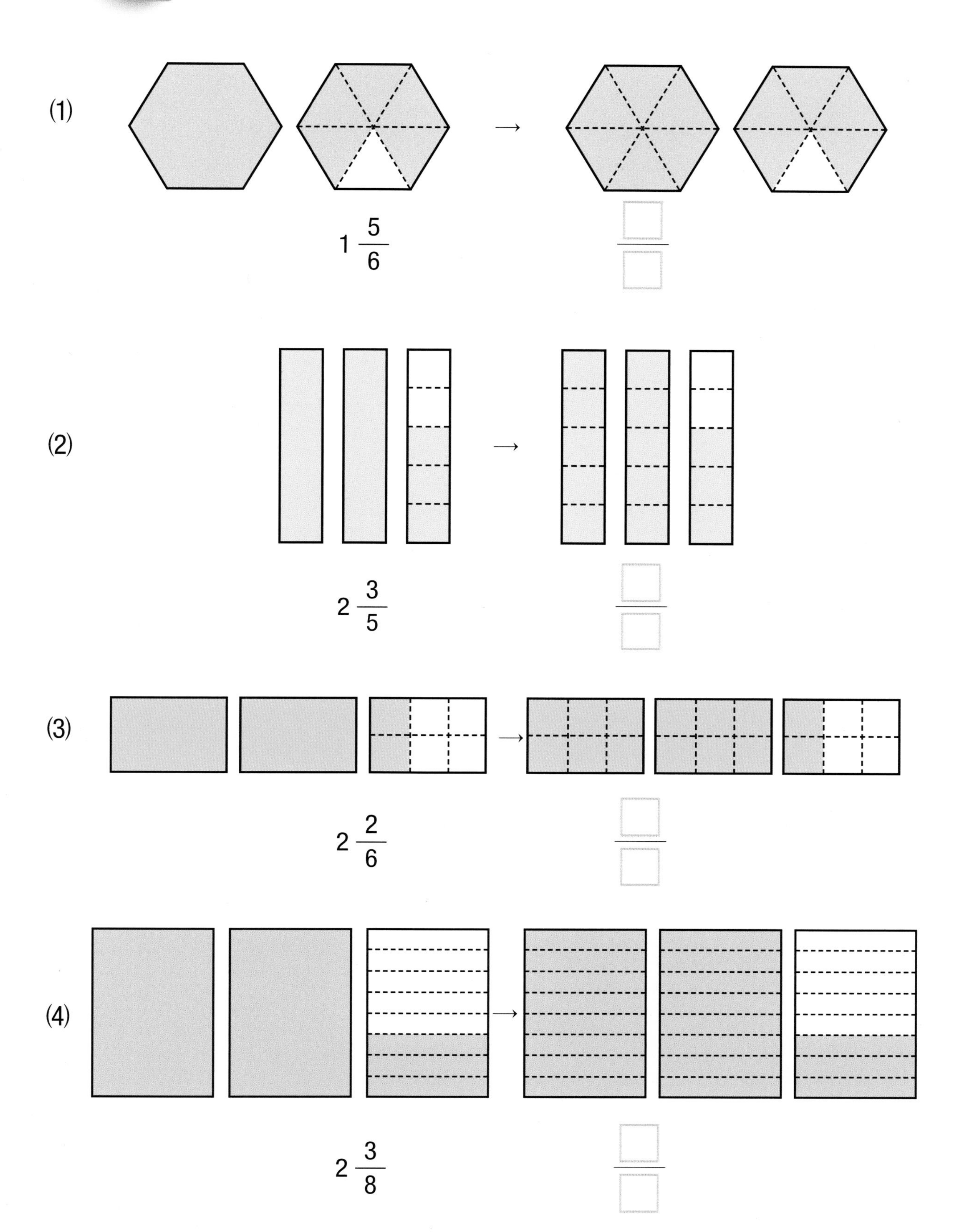

18 단계

17단계 활동 다지기

문제 01 초콜릿이 $\frac{4}{5}$일 때 $\frac{7}{5}$을 그려 보세요.

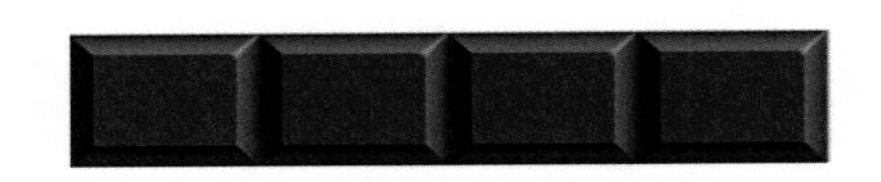

문제 02 직사각형이 $1\frac{3}{5}$일 때 1을 그리고 색칠해 보세요.

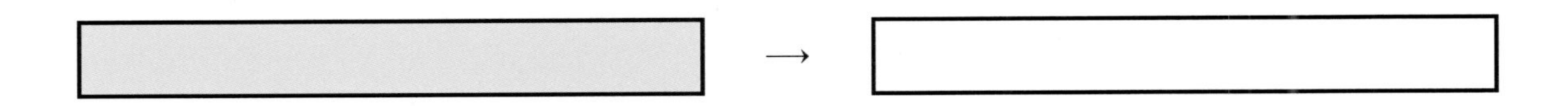

문제 03 가분수와 대분수로 나타내어 보세요.

(1)

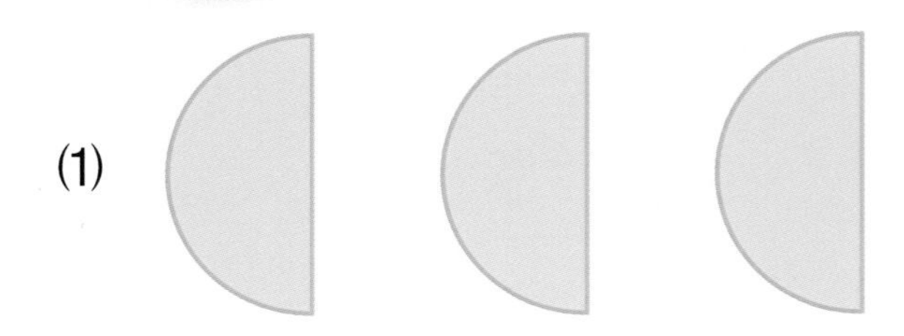

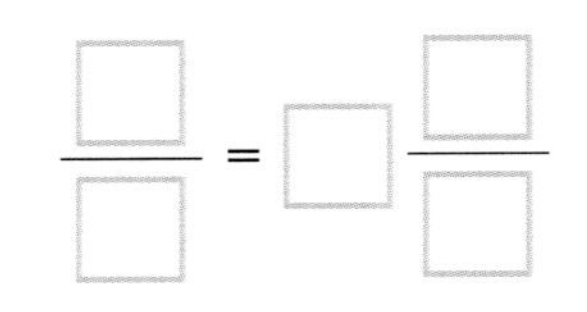

(2)

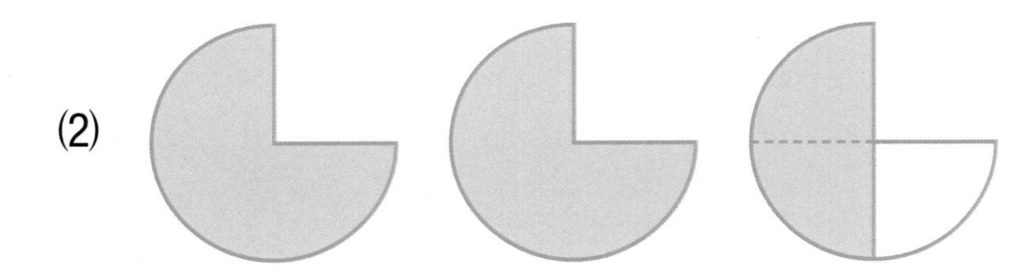

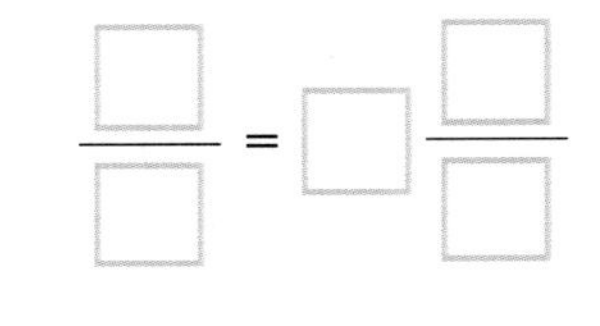

(3)

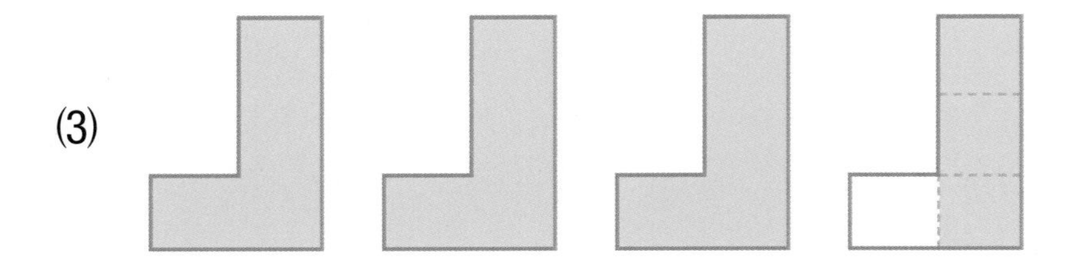

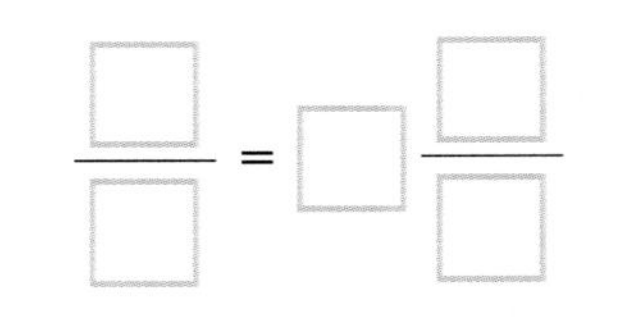

(3)

$\frac{\square}{\square} = \square\frac{\square}{\square}$

문제  가분수는 대분수로, 대분수는 가분수로 나타내어 보세요.

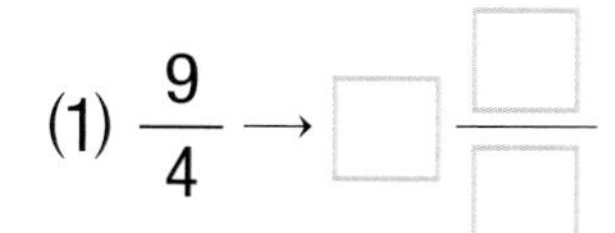

(1) $\frac{9}{4} \rightarrow \square\frac{\square}{\square}$

(2) $\frac{11}{6} \rightarrow \square\frac{\square}{\square}$

(3) $\frac{20}{7} \rightarrow \square\frac{\square}{\square}$

(4) $2\frac{3}{4} \rightarrow \frac{\square}{\square}$

(5) $1\frac{3}{9} \rightarrow \frac{\square}{\square}$

(6) $3\frac{2}{5} \rightarrow \frac{\square}{\square}$

문제 05 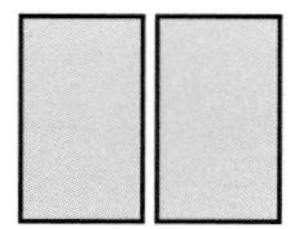 이 1일 때, 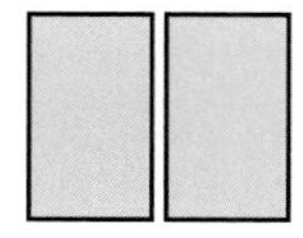 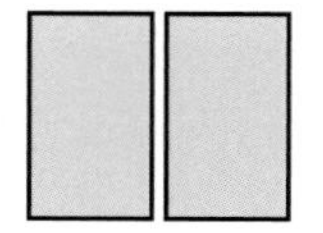 을 가분수와 대분수로 나타내어 보세요.

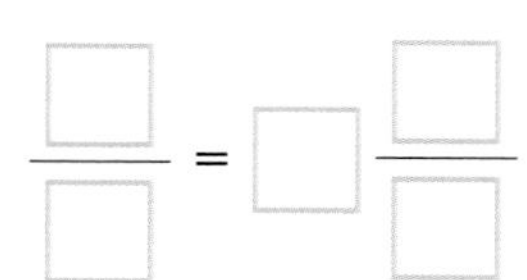

$\frac{\square}{\square} = \square\frac{\square}{\square}$

문제 06 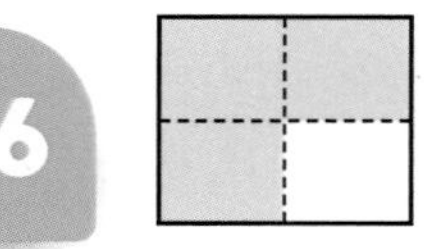 이 1일 때, 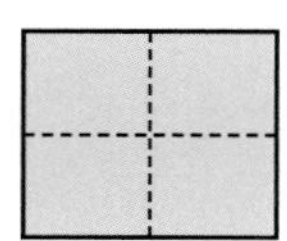 을 가분수와 대분수로 나타내어 보세요.

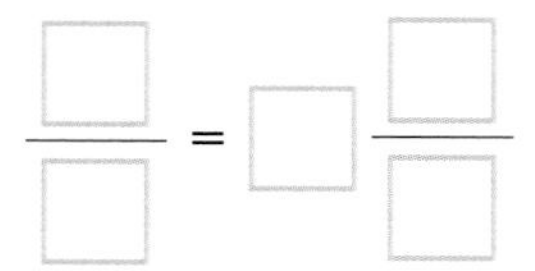

$\frac{\square}{\square} = \square\frac{\square}{\square}$

문제  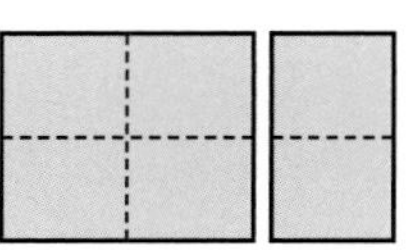 이 1일 때, 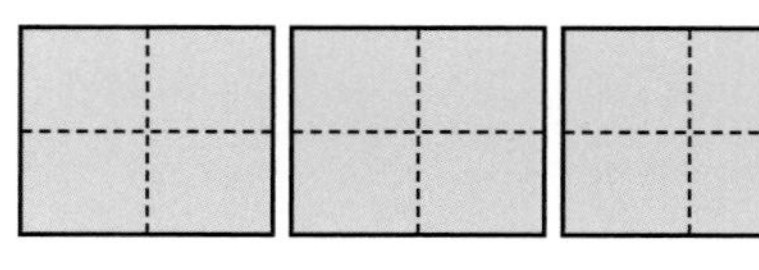 을 가분수와 대분수로 나타내어 보세요.

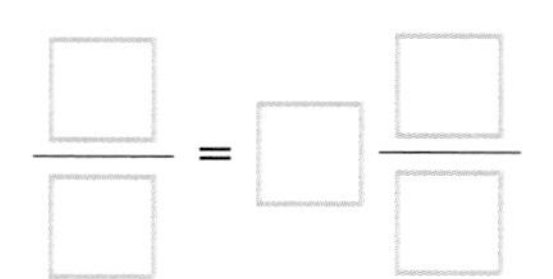

$\frac{\square}{\square} = \square\frac{\square}{\square}$

19 단계

분수의 크기 비교

진분수, 가분수, 대분수, 단위분수

활동 01 두 분수의 크기를 비교해 보세요.

(1) $\frac{5}{6}$ 가 $\frac{1}{6}$ 의 몇 배인지 색칠해 보세요.

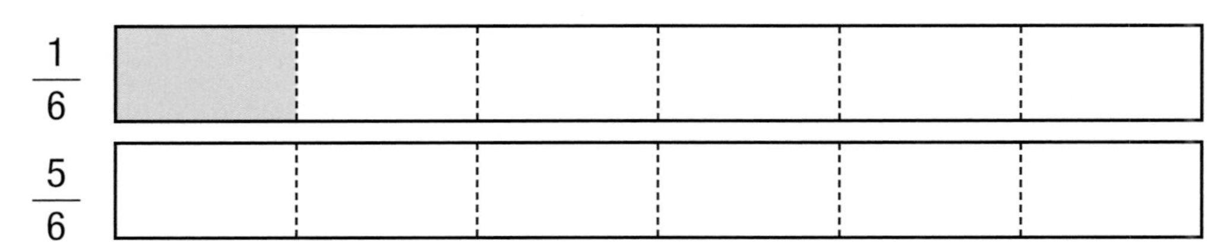

(2) $\frac{3}{6}$ 이 $\frac{1}{6}$ 의 몇 배인지 색칠해 보세요.

$\frac{1}{6}$

$\frac{3}{6}$

(3) 두 분수의 크기를 비교하여 ○ 안에 >, =, <를 알맞게 써넣으세요.

$$\frac{5}{6} \bigcirc \frac{3}{6}$$

$\frac{5}{6}$ 가 $\frac{3}{6}$ 보다 큰 이유를 이야기해 보세요.

핵심 콕! 콕!

분모가 같은 진분수의 크기

$\frac{4}{5} > \frac{3}{5}$

$\frac{4}{5}$는 $\frac{1}{5}$ 의 4배이고 $\frac{3}{5}$은 $\frac{1}{5}$ 의 3배이므로 $\frac{4}{5}$는 $\frac{3}{5}$ 보다 더 큽니다.

가장 큰 분수를 찾아 기호를 써 보세요.

㉠ $\frac{1}{7}$의 4배인 분수　　㉡ $\frac{1}{7}$의 6배인 분수　　㉢ $\frac{1}{7}$의 2배인 분수

주어진 분수만큼 색칠하고, ◯ 안에 >, =, <를 알맞게 써넣으세요.

(1)

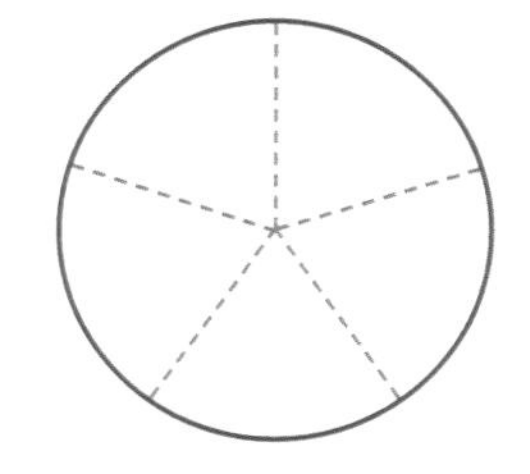

$\frac{2}{5}$ ◯ $\frac{4}{5}$

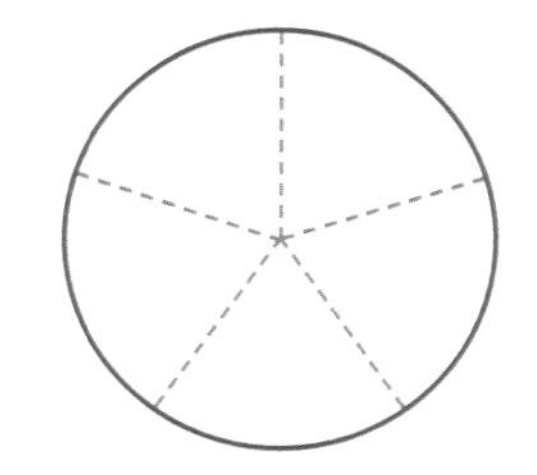

(2)

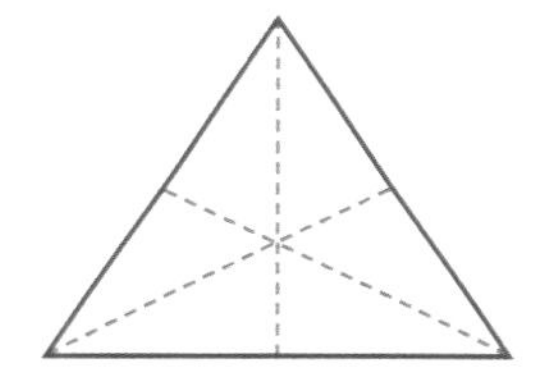

$\frac{5}{6}$ ◯ $\frac{4}{6}$

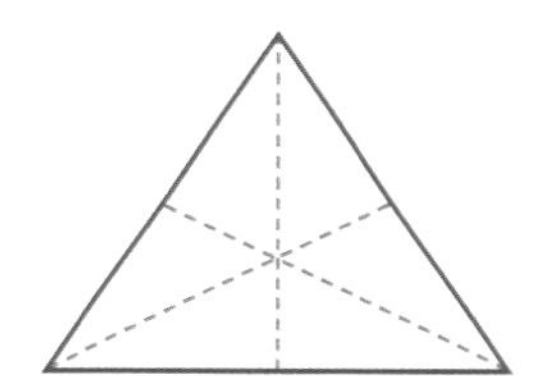

(3)

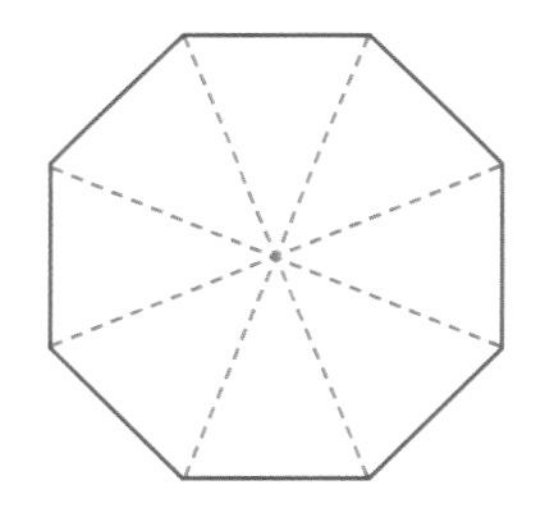

$\frac{5}{8}$ ◯ $\frac{6}{8}$

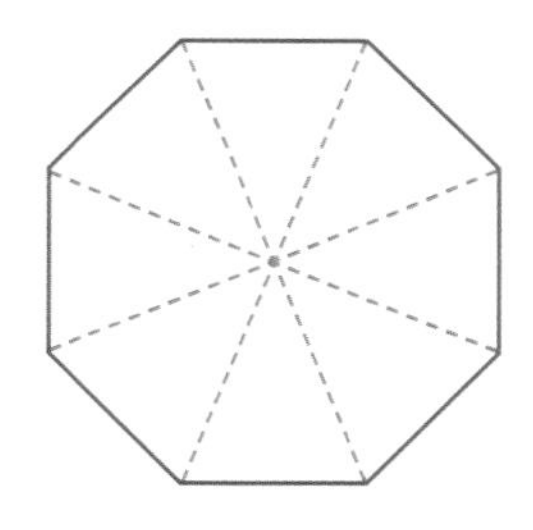

(4)

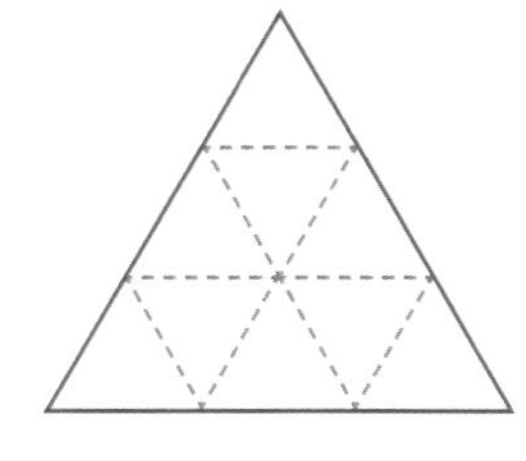

$\frac{4}{9}$ ◯ $\frac{7}{9}$

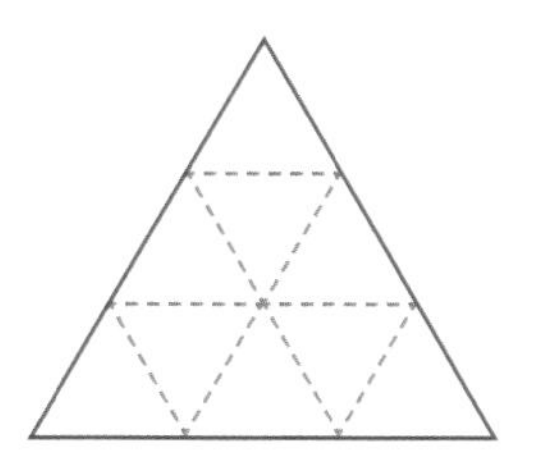

활동 04 □ 안에 알맞은 분수를 써넣으세요.

(1)

(2)

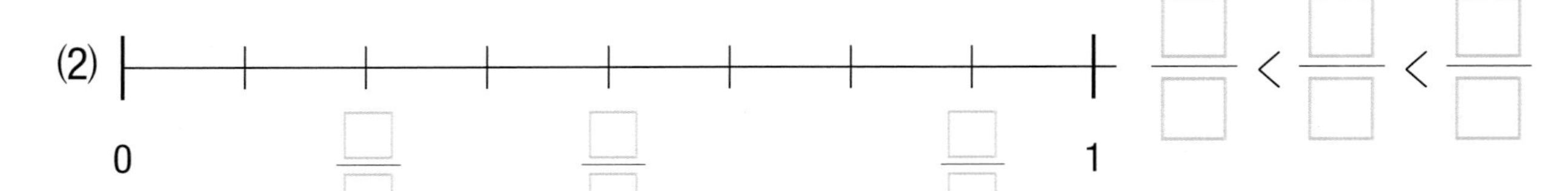

(3)

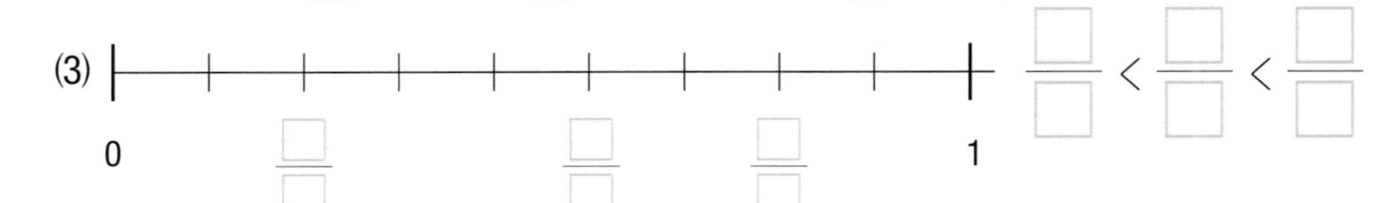

활동 05 두 분수의 크기를 비교하여 ○ 안에 >, =, <를 알맞게 써넣으세요.

$\frac{4}{7}$ ○ $\frac{6}{7}$ $\frac{5}{9}$ ○ $\frac{3}{9}$ $\frac{10}{11}$ ○ $\frac{9}{11}$

핵심 콕! 콕!

분모가 같은 진분수의 크기 비교

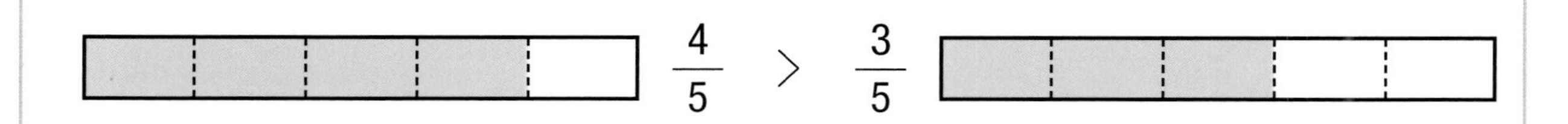

$\frac{4}{5} > \frac{3}{5}$

$\frac{4}{5}$는 $\frac{1}{5}$의 4배이고 $\frac{3}{5}$은 $\frac{1}{5}$의 3배이므로

분모가 같은 진분수에서는 분자가 클수록 더 큽니다.

활동 06 두 분수의 크기를 비교해 보세요.

(1) $\frac{5}{4}$가 $\frac{1}{4}$의 몇 배인지 알아보세요.

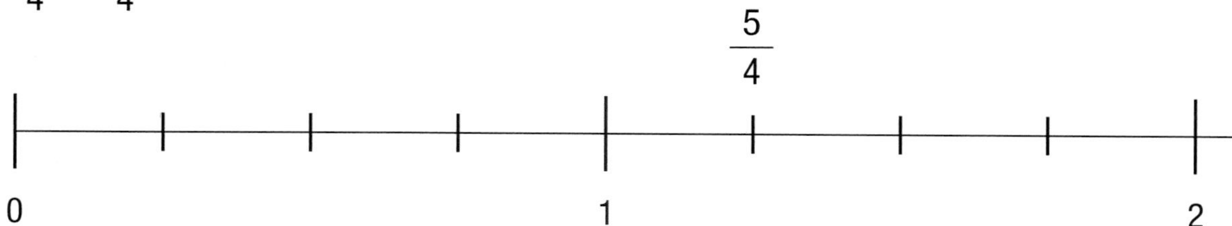

(2) $\frac{7}{4}$이 $\frac{1}{4}$의 몇 배인지 알아보세요.

(3) 두 분수의 크기를 비교하여 ○ 안에 >, =, <를 알맞게 써넣으세요.

$\frac{5}{4}$  $\frac{7}{4}$

$\frac{7}{4}$이 $\frac{5}{4}$보다 큰 이유를 이야기해 보세요.

핵심 콕! 콕!

분모가 같은 가분수의 크기

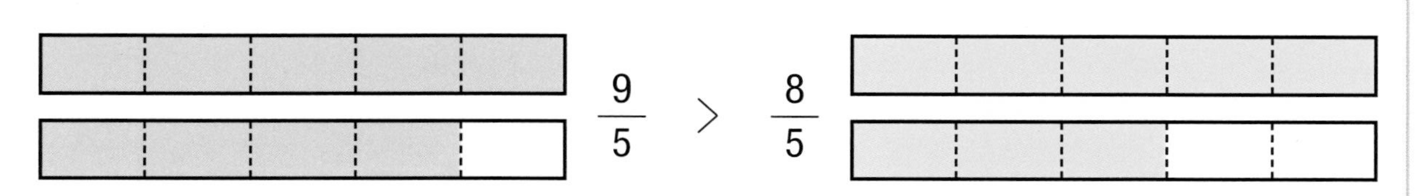

$\frac{9}{5}$는 $\frac{1}{5}$의 9배이고 $\frac{8}{5}$은 $\frac{1}{5}$의 8배이므로

$\frac{9}{5}$가 $\frac{8}{5}$보다 더 큽니다.

활동 07 가분수로 나타내고, ○ 안에 >, =, <를 알맞게 써넣으세요.

(1)

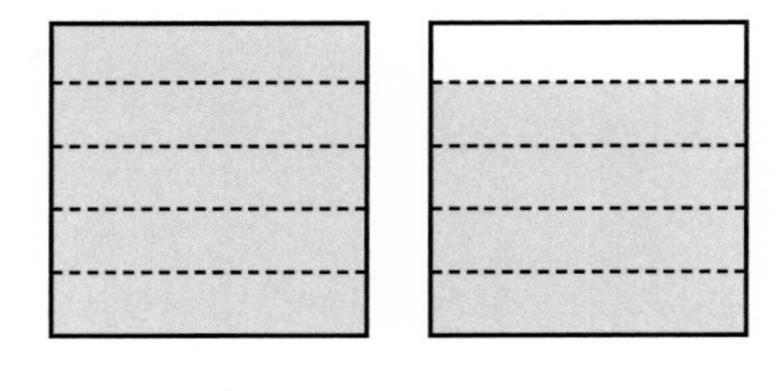

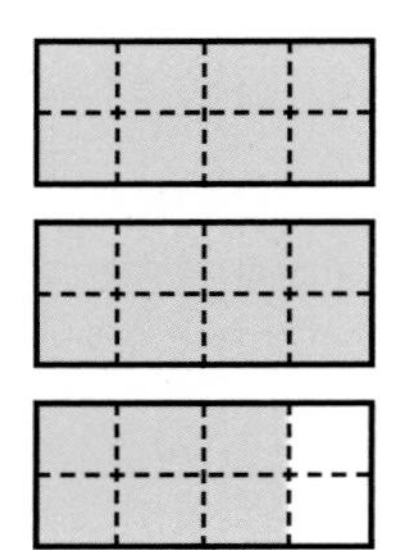

(2)

(3)

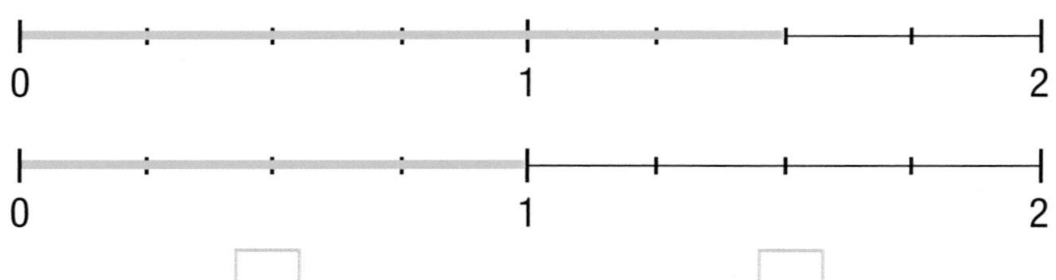

(4)

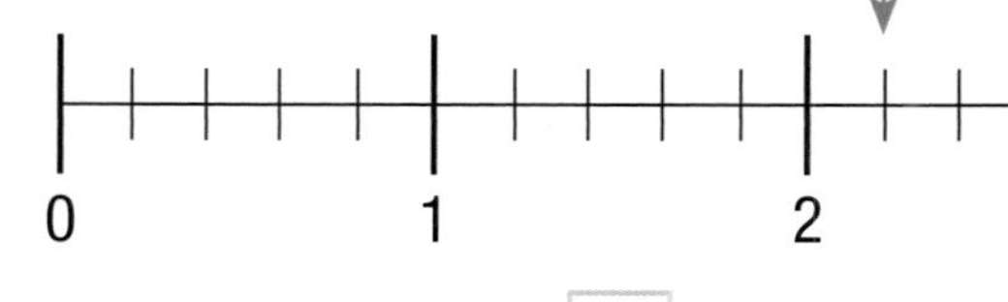

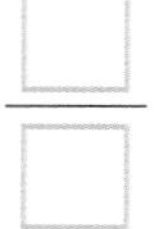

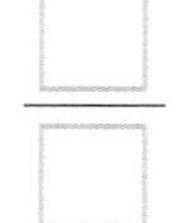

가장 큰 분수를 찾아 기호를 써 보세요.

㉠ $\frac{1}{5}$의 7배인 분수 ㉡ $\frac{1}{5}$의 9배인 분수 ㉢ $\frac{1}{5}$의 6배인 분수

가장 작은 분수를 찾아 기호를 써 보세요.

㉠ $\frac{1}{7}$의 10배인 분수 ㉡ $\frac{1}{7}$의 12배인 분수 ㉢ $\frac{1}{7}$의 9배인 분수

두 분수의 크기를 비교하여 ◯ 안에 >, =, <를 알맞게 써넣으세요.

$\frac{7}{9}$ ◯ $\frac{5}{9}$ $\frac{7}{15}$ ◯ $\frac{8}{15}$ $\frac{19}{21}$ ◯ $\frac{17}{21}$

분모가 같은 가분수의 크기 비교

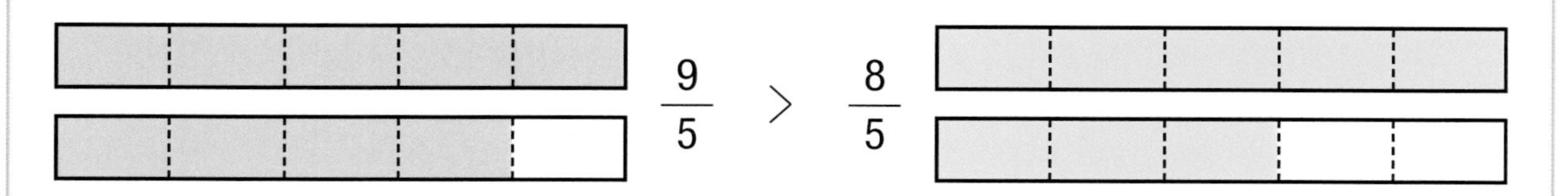

$\frac{9}{5}$는 $\frac{1}{5}$의 9배이고 $\frac{8}{5}$은 $\frac{1}{5}$의 8배이므로

분모가 같은 가분수에서는 분자가 클수록 더 큽니다.

활동 11 대분수로 나타내고, ○ 안에 >, =, <를 알맞게 써넣으세요.

(1)

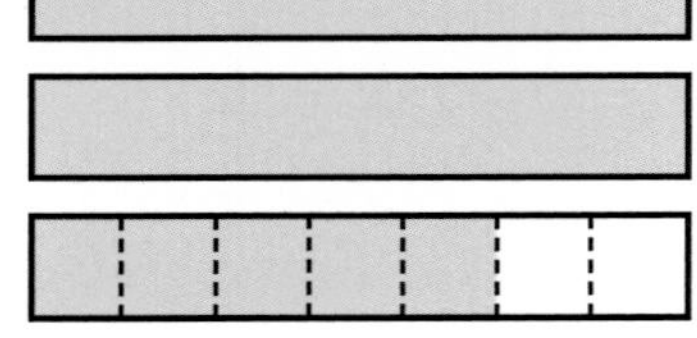

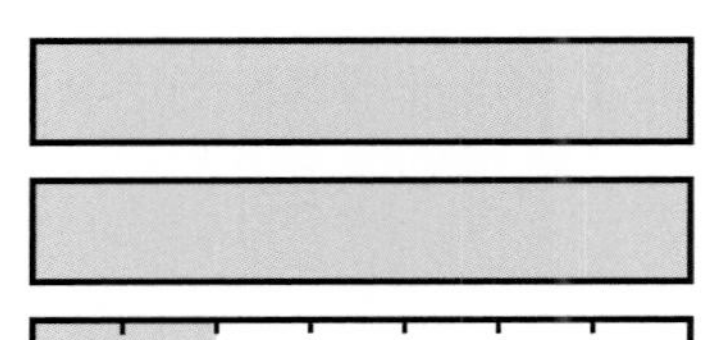

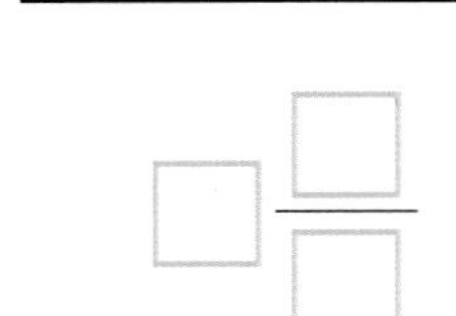

(2)

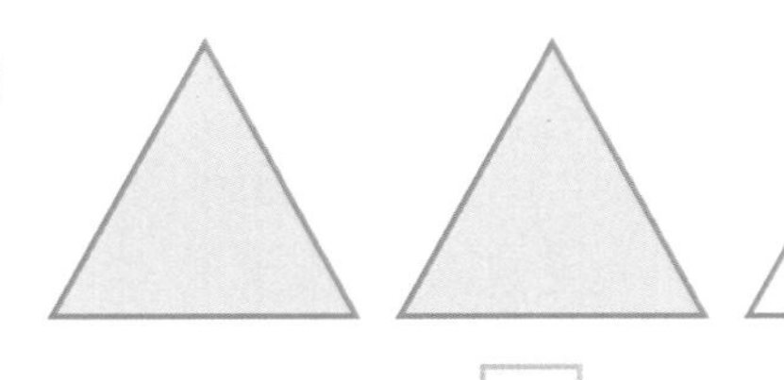

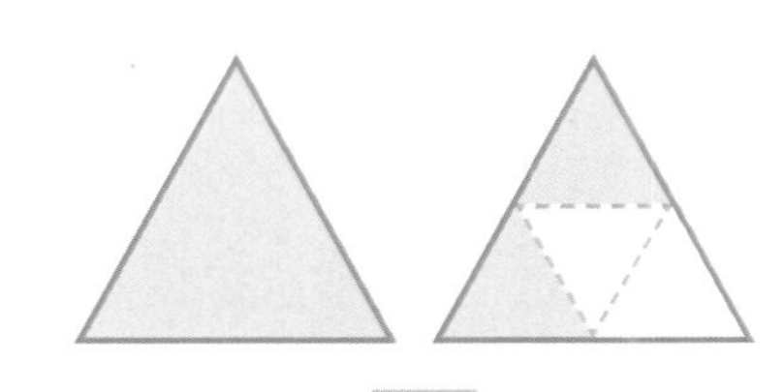

(3)

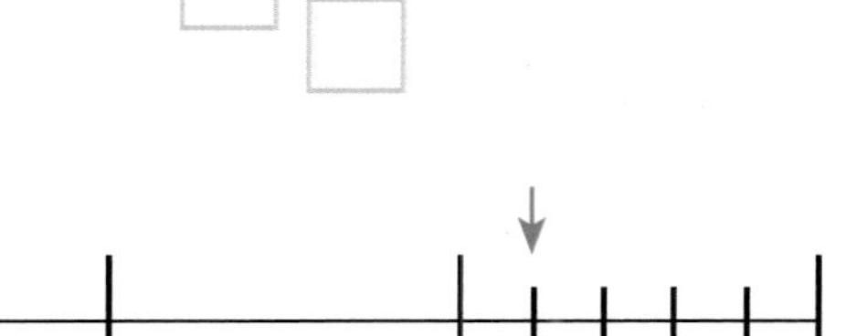

핵심 콕! 콕!

분모가 같은 대분수의 크기 비교

$2\frac{3}{7} < 2\frac{5}{7}$

자연수의 크기가 같으므로 진분수의 크기를 비교하면 $2\frac{5}{7}$가 $2\frac{3}{7}$보다 큽니다.

$3\frac{5}{6} < 4\frac{1}{6}$

자연수의 크기가 다르므로 진분수의 크기를 비교하면 $4\frac{1}{6}$이 $3\frac{5}{6}$보다 큽니다.

활동 12 두 분수의 크기를 비교하여 ○ 안에 >, =, <를 알맞게 써넣으세요.

(1)

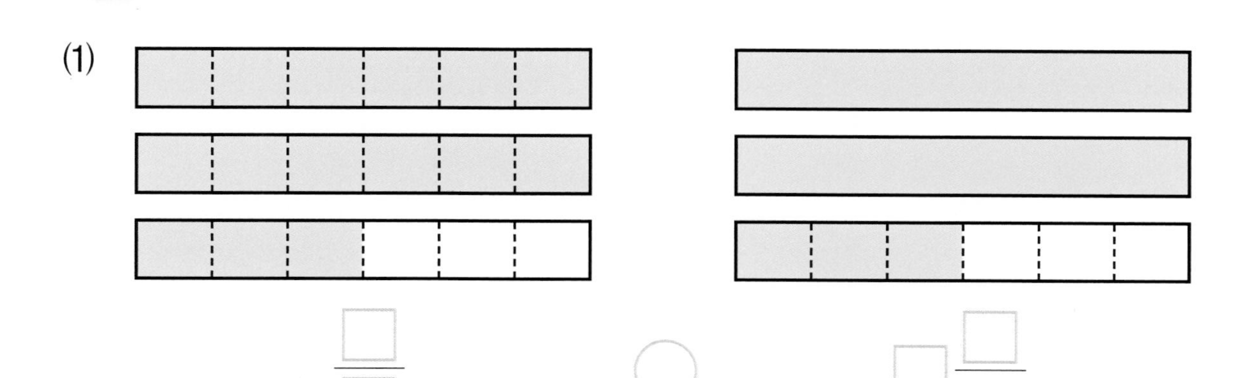

$\frac{\square}{\square}$ ○ $\square\frac{\square}{\square}$

(2)

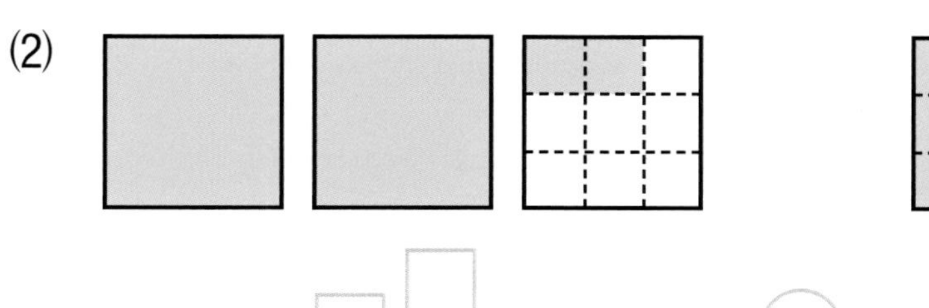

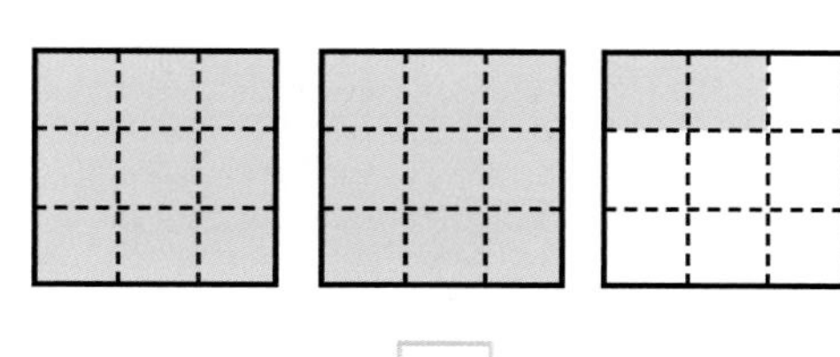

$\square\frac{\square}{\square}$ ○ $\frac{\square}{\square}$

(3)

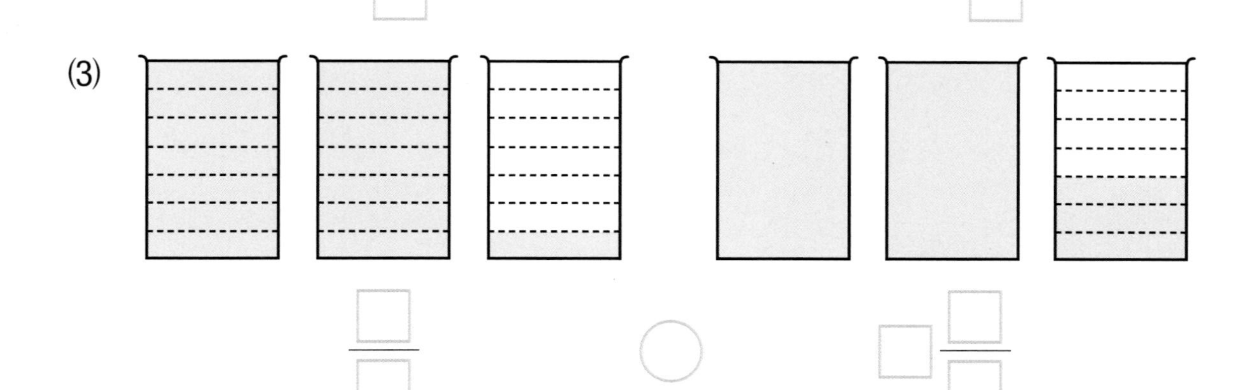

$\frac{\square}{\square}$ ○ $\square\frac{\square}{\square}$

핵심 콕! 콕!

분모가 같은 가분수와 대분수의 크기 비교

$\frac{23}{11} < 2\frac{3}{11}$

대분수를 가분수로 바꾸어 비교하거나 가분수를 대분수로 바꾸어 비교하면 $2\frac{3}{11}$이 $\frac{23}{11}$보다 큽니다.

활동 13 **크기가 같은 빵 한 개를 똑같이 나누어 먹으려고 합니다. 물음에 답해 보세요.**

(1) 한 사람이 가장 빵을 많이 먹는 가족은 어느 가족입니까?

(2) 한 사람이 가장 빵을 적게 먹는 가족은 어느 가족입니까?

(3) 한 사람이 먹는 빵의 양을 분수로 나타내어 보세요.

민수 가족 $\frac{1}{\square}$ 지혜 가족 $\frac{1}{\square}$ 예주 가족 $\frac{1}{\square}$

(4) 한 사람이 먹는 빵의 양을 크기가 작은 순서대로 □ 안에 써넣으세요.

$$\frac{1}{\square} < \frac{1}{\square} < \frac{1}{\square}$$

활동 14 물음에 답해 보세요.

1				
$\frac{1}{2}$	$\frac{1}{2}$			
$\frac{1}{3}$	$\frac{1}{3}$	$\frac{1}{3}$		
$\frac{1}{4}$	$\frac{1}{4}$	$\frac{1}{4}$	$\frac{1}{4}$	
$\frac{1}{5}$	$\frac{1}{5}$	$\frac{1}{5}$	$\frac{1}{5}$	$\frac{1}{5}$

(1) 전체(1)는 $\frac{1}{2}$의 몇 배입니까?

(2) 전체(1)는 $\frac{1}{3}$의 몇 배입니까?

(3) 전체(1)는 $\frac{1}{4}$의 몇 배입니까?

(4) 전체(1)는 $\frac{1}{5}$의 몇 배입니까?

(5) □ 안에 알맞은 수를 써넣으세요.

$$\frac{1}{\square} < \frac{1}{\square} < \frac{1}{\square} < \frac{1}{\square}$$

핵심 콕! 콕!

분수 중에서 $\frac{1}{2}$, $\frac{1}{3}$, $\frac{1}{4}$, $\frac{1}{5}$......과 같이 분자가 1인 분수를 단위분수라고 합니다.

활동 15 분수만큼 색칠하고, 두 분수의 크기를 비교해 보세요.

(1)

$\frac{1}{2}$ ○ $\frac{1}{3}$

(2)

$\frac{1}{4}$ ○ $\frac{1}{5}$

(3)

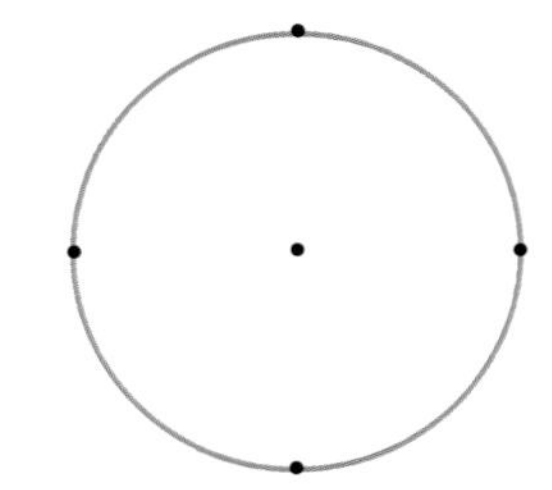

$\frac{1}{4}$ ○ $\frac{1}{2}$

(4)

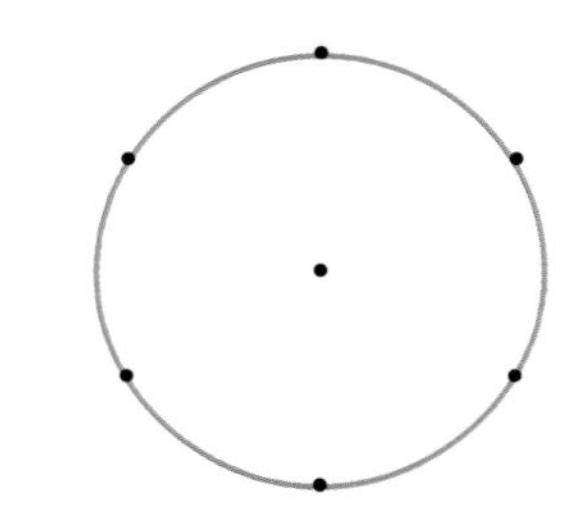

$\frac{1}{6}$ ○ $\frac{1}{3}$

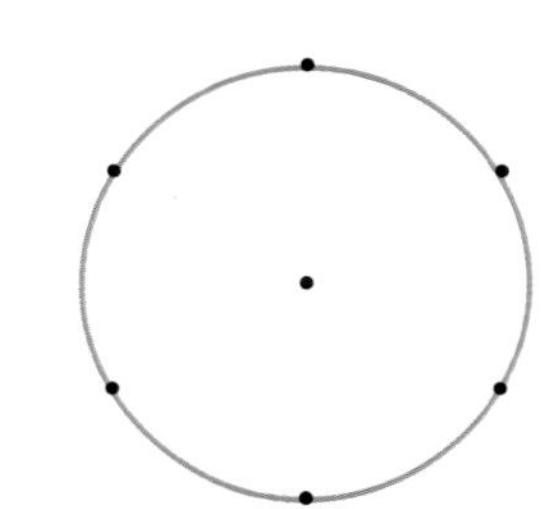

핵심 콕! 콕!

단위분수의 크기

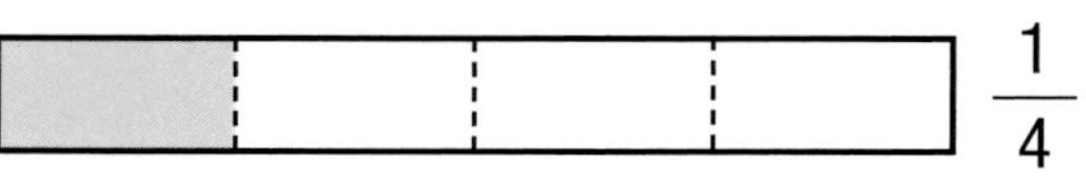

$\frac{1}{4} > \frac{1}{5}$

$\frac{1}{4}$ 의 4배가 전체(1)이고 $\frac{1}{5}$ 의 5배가 전체(1)이므로

$\frac{1}{4}$ 이 $\frac{1}{5}$ 보다 더 큽니다.

활동 16 분수만큼 색칠하고, □ 안에 알맞은 수를 써넣으세요.

$\frac{1}{2}$

$\frac{1}{4}$

$\frac{1}{8}$

$\frac{1}{\square} < \frac{1}{\square} < \frac{1}{\square}$

활동 17 단위분수의 크기를 비교하여 □ 안에 알맞은 수를 써넣으세요.

$\frac{1}{3}$ $\frac{1}{6}$ $\frac{1}{4}$ $\frac{1}{9}$

$\frac{1}{\square} < \frac{1}{\square} < \frac{1}{\square} < \frac{1}{\square}$

$\frac{1}{5}$ 이 $\frac{1}{7}$ 보다 큰 이유를 이야기해 보세요.

핵심 콕! 콕!

단위분수의 크기 비교

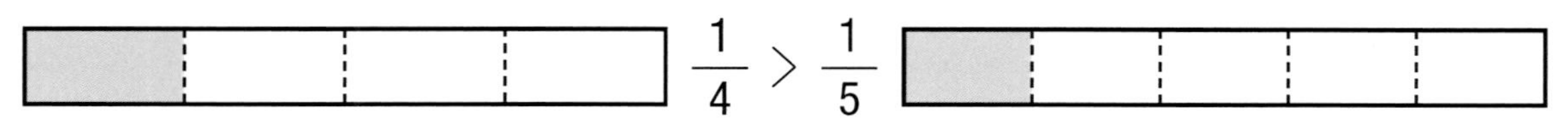

$\frac{1}{4}$ 의 4배가 전체(1)이고 $\frac{1}{5}$ 의 5배가 전체(1)이므로

단위분수에서는 분모가 작을수록 더 큽니다.

20 단계

19단계 활동 다지기

문제 01 두 분수의 크기를 비교하여 ○ 안에 >, =, <를 알맞게 써넣으세요.

$\frac{3}{7}$ ○ $\frac{6}{7}$　　$\frac{2}{5}$ ○ $\frac{3}{5}$　　$\frac{7}{9}$ ○ $\frac{5}{9}$

$\frac{12}{9}$ ○ $\frac{10}{9}$　　$\frac{7}{5}$ ○ $\frac{8}{5}$　　$\frac{8}{6}$ ○ $\frac{7}{6}$

$4\frac{3}{7}$ ○ $4\frac{5}{7}$　　$5\frac{3}{6}$ ○ $6\frac{5}{6}$　　$6\frac{2}{9}$ ○ $5\frac{8}{9}$

$2\frac{3}{4}$ ○ $\frac{10}{4}$　　$\frac{19}{7}$ ○ $3\frac{5}{7}$　　$2\frac{9}{10}$ ○ $\frac{27}{10}$

문제 02 보기처럼 1~9까지의 수 중에서 □ 안에 들어갈 수 있는 수에 모두 ○표 하세요.

보기

$\frac{\square}{7} > \frac{7}{5}$　　1　2　3　4　5　⑥　⑦　⑧　⑨

(1) $\frac{\square}{9} < \frac{4}{9}$　　1　2　3　4　5　6　7　8　9

(2) $\frac{7}{9} < \frac{\square}{9}$　　1　2　3　4　5　6　7　8　9

(3) $2\frac{3}{4} > 2\frac{\square}{4}$　　1　2　3　4　5　6　7　8　9

(4) $4\frac{3}{8} > \square\frac{4}{8}$　　1　2　3　4　5　6　7　8　9

문제 03 가장 큰 단위분수에 ○표 하세요.

$\frac{1}{4}$ $\frac{1}{2}$ $\frac{1}{14}$ $\frac{1}{8}$ $\frac{1}{5}$

문제 04 세 번째로 작은 단위분수에 ○표 하세요.

$\frac{1}{7}$ $\frac{1}{10}$ $\frac{1}{11}$ $\frac{1}{5}$ $\frac{1}{6}$

문제 05 보기처럼 1~9까지의 수 중에서 □ 안에 들어갈 수 있는 수에 모두 ○표 하세요.

보기

$\frac{1}{\square} < \frac{1}{5}$ 1 2 3 4 5 (6) (7) (8) (9)

(1) $\frac{1}{\square} < \frac{1}{7}$ 1 2 3 4 5 6 7 8 9

(2) $\frac{1}{\square} > \frac{1}{4}$ 1 2 3 4 5 6 7 8 9

(3) $\frac{1}{\square} < \frac{1}{8}$ 1 2 3 4 5 6 7 8 9

(4) $\frac{1}{\square} > \frac{1}{6}$ 1 2 3 4 5 6 7 8 9

린드 파피루스(Rhind Papyrus)

린드 파피루스는 고대 이집트의 수학지식을 적어놓은 길이 5.5m 폭 0.33m의 두루마리랍니다.

고대 이집트인들은 종이 대신 파피루스를 사용하였습니다. 파피루스는 나일강 강가에서 많이 자라던 풀의 이름인데, 이 풀로 만든 고대 이집트의 종이 역시 파피루스라고 했답니다. 당시에는 요즘과 같은 질 좋은 종이를 만들 수 없었기 때문에 파피루스는 지금의 종이처럼 부드럽지 않고 뻣뻣했습니다. 하지만 당시의 사람들에겐 문자를 기록할 수 있는 더없이 훌륭한 종이였지요.

린드 파리푸스에는 87개의 문제 중 81개의 문제가 분수를 다루고 있습니다. 그중 분수와 관련된 문제 하나를 소개하겠습니다.

"빵 9개를 10사람에게 어떻게 나누어 줄 수 있을까요?"

[린드 파피루스]

출처: [네이버 지식백과] 린드 파피루스 - 가장 오래된 수학책이 뭔가요?
(국립중앙과학관 - 수의 역사)

어쩌다 수리수리

數悧 數理

권별 학습 내용

학습 주제	관련 학기
분수 개념 편	3학년 1학기 〈분수와 소수〉 3학년 2학기 〈분수〉
분수 연산 편 ① (분수의 덧셈과 뺄셈)	4학년 2학기 〈분수의 덧셈과 뺄셈〉 5학년 1학기 〈분수의 덧셈과 뺄셈〉
분수 연산 편 ② (분수의 곱셈과 나눗셈)	5학년 2학기 〈분수의 곱셈〉 6학년 1학기 〈분수의 나눗셈〉 6학년 2학기 〈분수의 나눗셈〉

* [분수 연산 편]은 출간 예정입니다.

정답과 해설

분수를 나타내는 낱말

13쪽

활동 01 (1) 라 (2) 가 (3) 다 (4) 라

활동 02

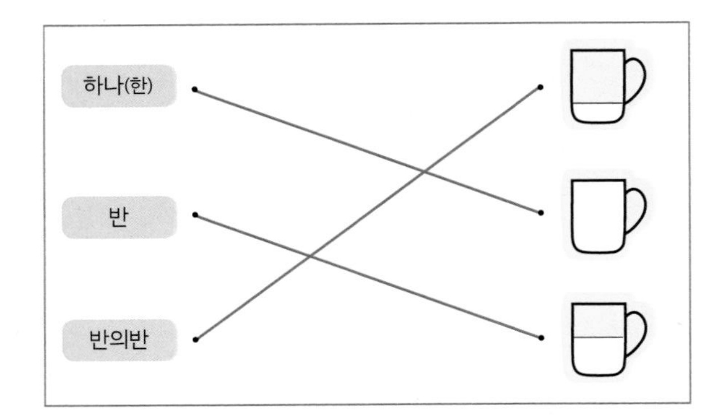

예 욕조에 물을 반만큼 채웠어요.

활동 03

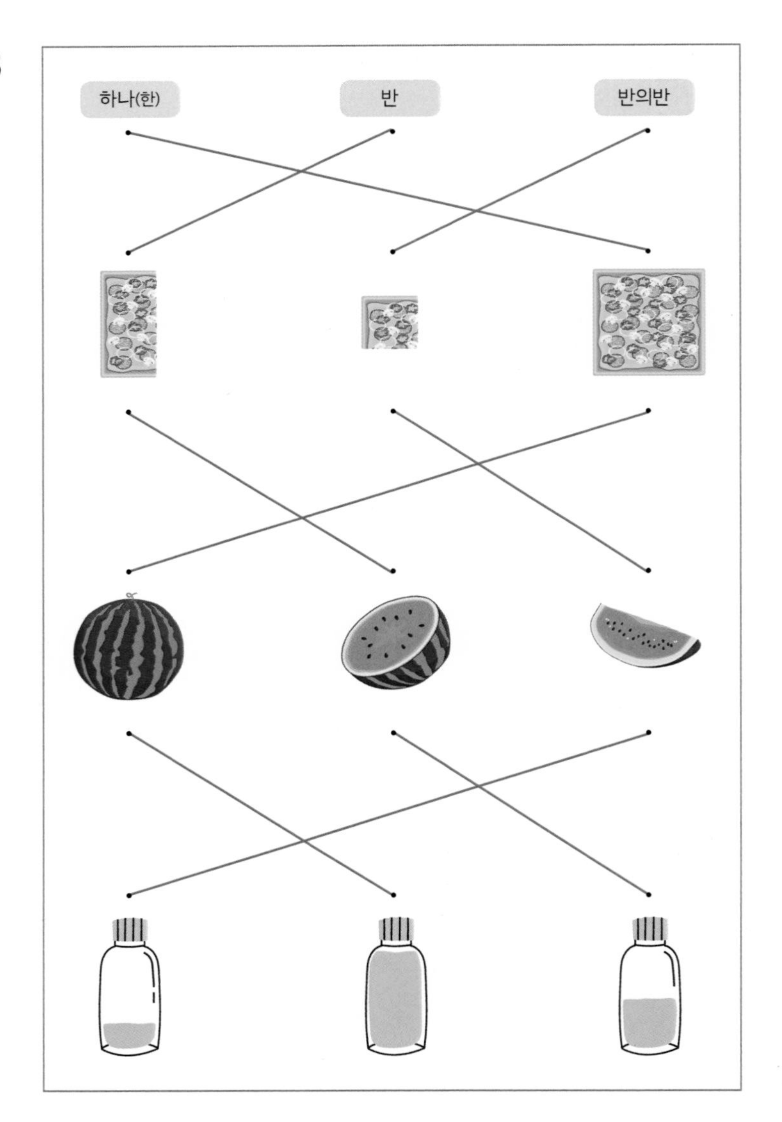

똑같이 나누기①

19쪽

활동01 가

예 와플이 똑같이 나누어지지 않았기 때문입니다.

활동02 가, 라, 사, 아

활동03 나, 라, 마, 사, 아

활동04 (1) 인도네시아, 우크라이나 (2) 벨기에, 독일 (3) 모리셔스

활동05 4, 6, 8, 6, 9, 8

활동06 3, 4, 4, 4, 4, 6

활동07 예

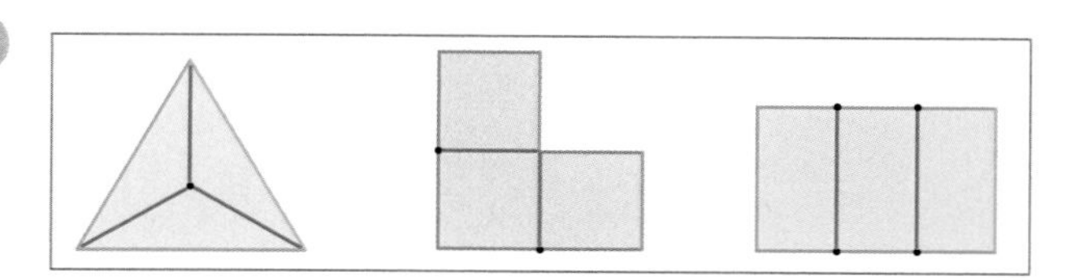

활동08 예

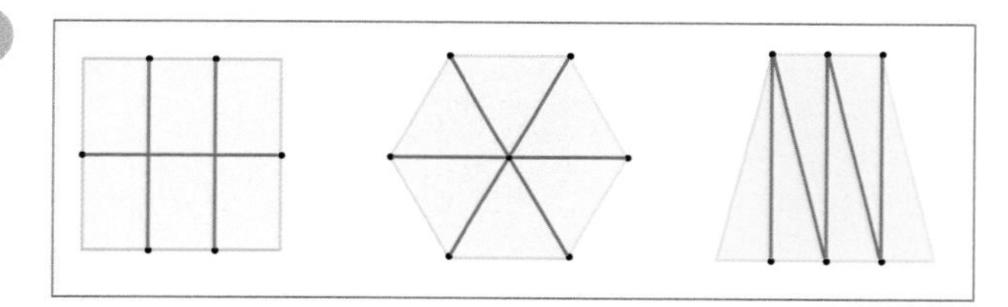

활동09 예

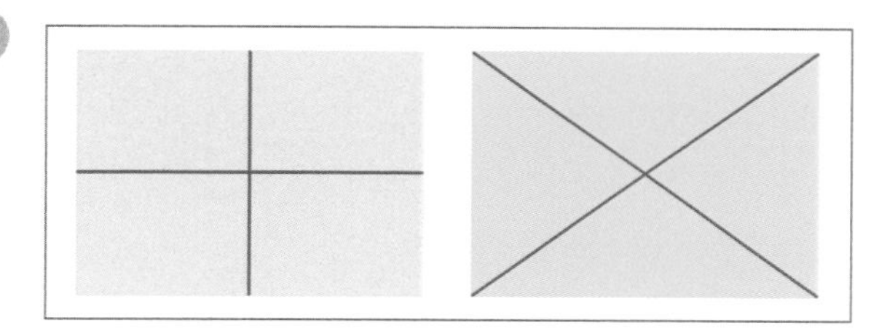

활동10 예

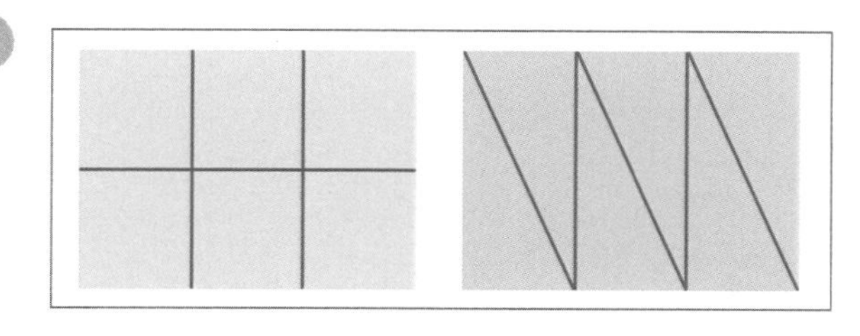

질문 콕!

예 1조각을 나머지 조각에 덮어 봅니다.

3단계 똑같이 나누기②

25쪽

활동01 

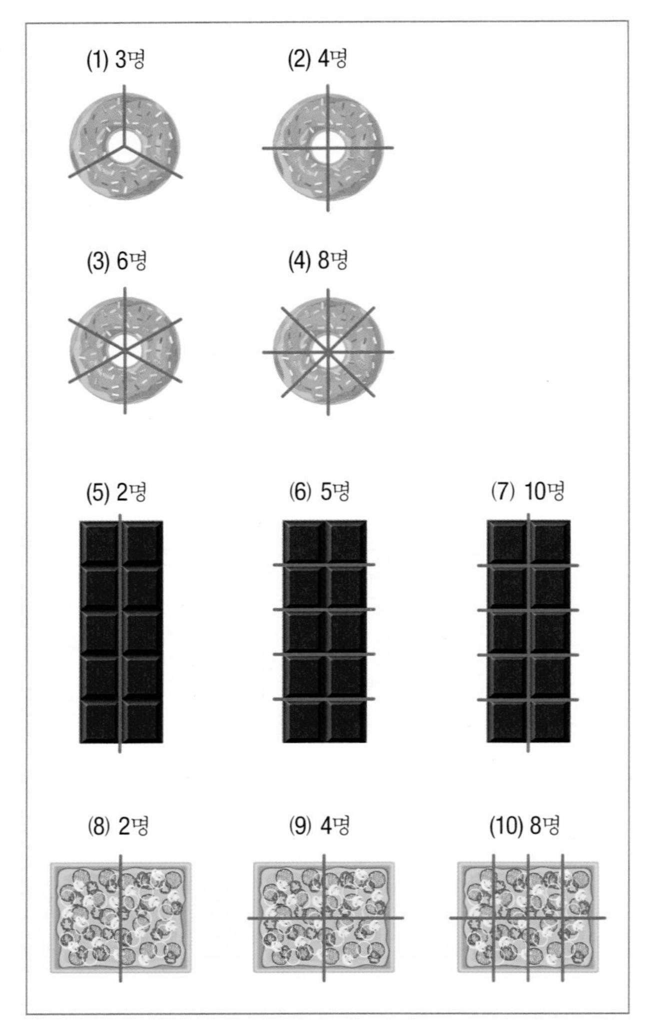

활동02 

(1) 3명

(2) 4명

(3) 6명

(4) 12명

(5) 2명

(6) 4명

(7) 8명

활동03 (2)

활동04 (2)

활동05 (4)

활동06 (4)

활동07 (3)

활동08 (1)

예 찾은 1조각을 이어서 붙여 봅니다.

1~3단계 활동 다지기

31쪽

문제01

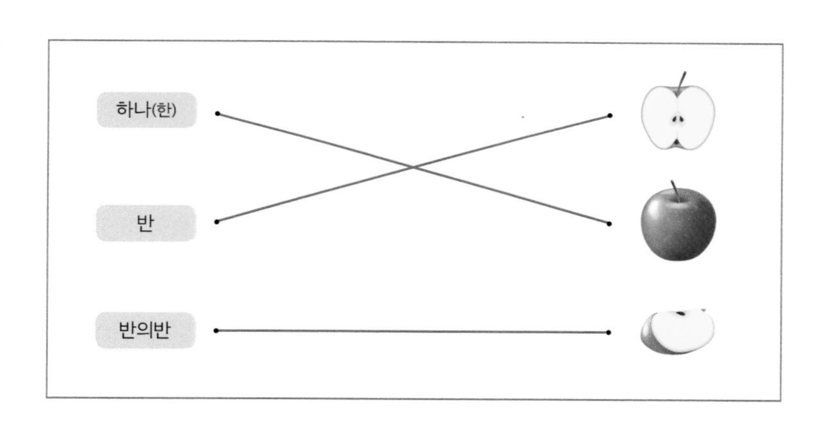

문제02 ( ) ( ) (○)

문제03 6, 9, 4

문제04 가, 라, 바

문제05 가, 다, 라

문제06 라

문제07 다

문제08 예

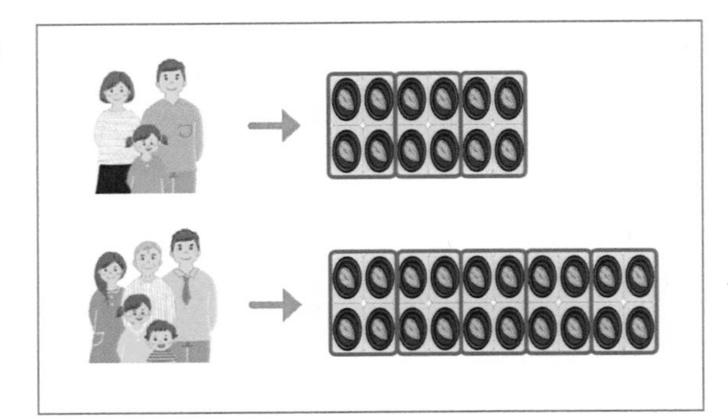

문제09 예

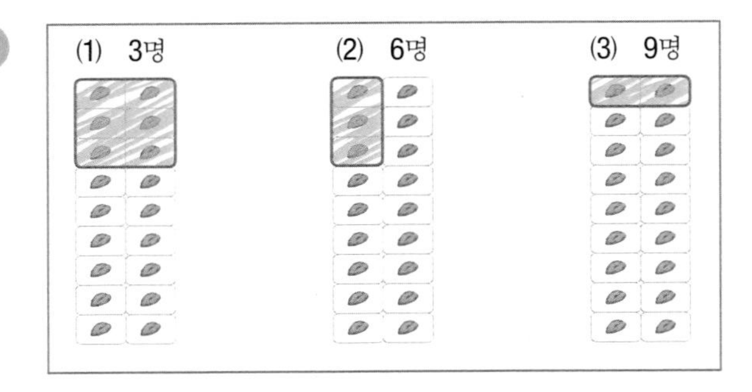

문제10 다

문제11 라

문제12 나

5단계 분수로 나타내기① - 전체와 부분으로

37쪽

활동01 (1) 2, 8, $\frac{2}{8}$, 8분의 2 (2) 3, 8, $\frac{3}{8}$, 8분의 3

(3) 4, 8, $\frac{4}{8}$, 8분의 4 (4) 6, 8, $\frac{6}{8}$, 8분의 6

(5) 8, 8, $\frac{8}{8}$, 8분의 8

활동02 (1) 1, 5, $\frac{1}{5}$, 5분의 1 (2) 3, 4, $\frac{3}{4}$, 4분의 3

(3) 3, 8, $\frac{3}{8}$, 8분의 3 (4) 3, 8, $\frac{3}{8}$, 8분의 3

(5) 7, 7, $\frac{7}{7}$, 7분의 7

활동03

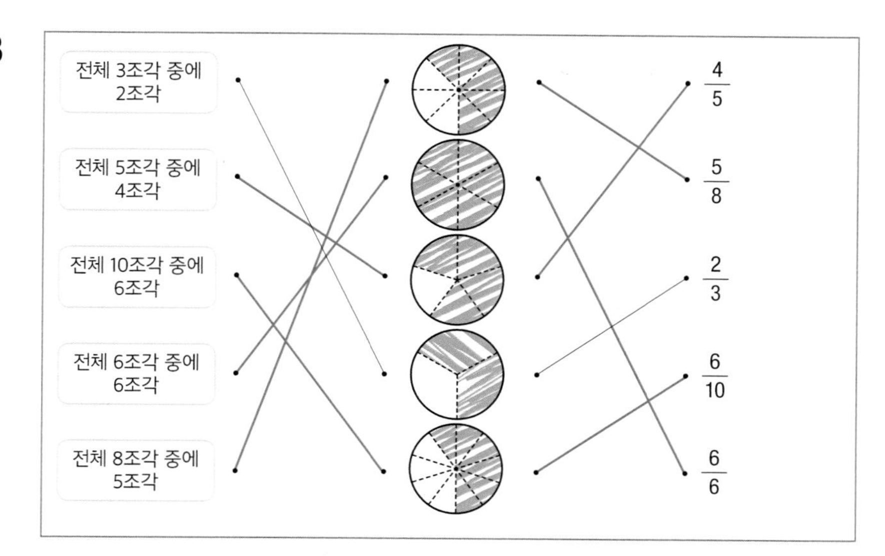

활동04 (1) $\frac{3}{5}$ (2) $\frac{6}{8}$ (3) $\frac{2}{3}$ (4) $\frac{4}{8}$ (5) $\frac{3}{6}$

활동05 예

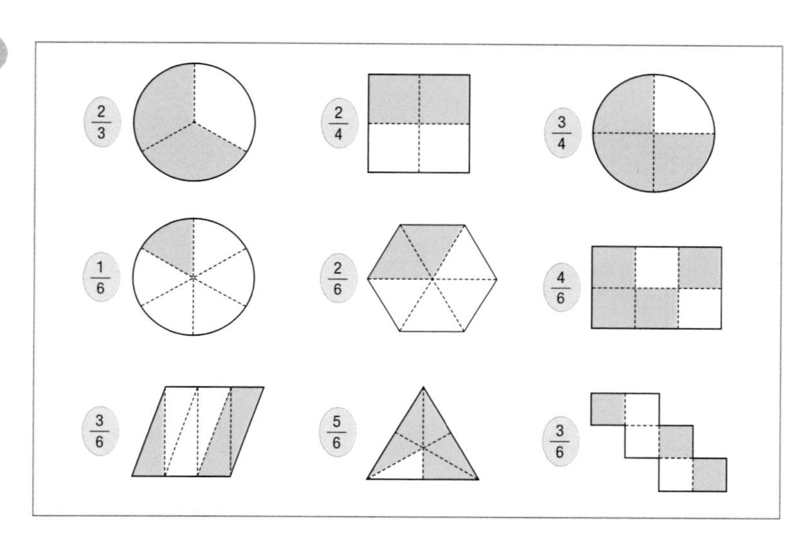

질문 콕!

예 하나(한) $\frac{8}{8}$, 반 $\frac{4}{8}$, 반의반 $\frac{2}{8}$

활동06 예

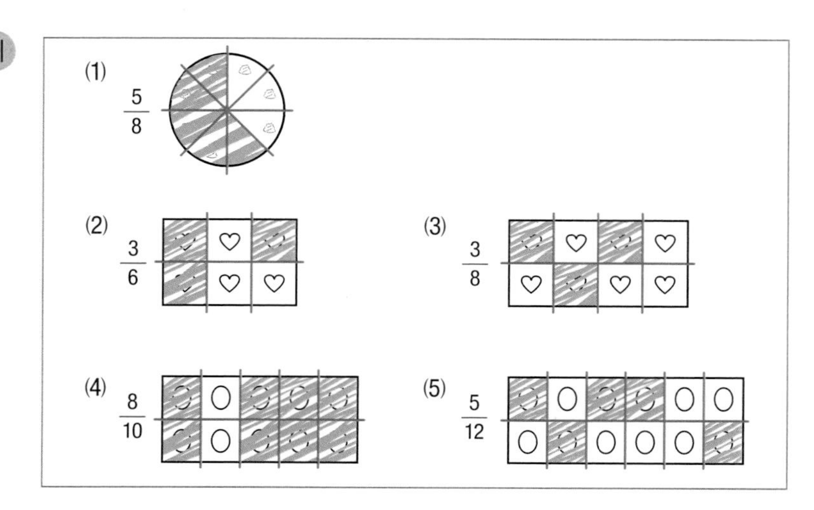

활동07 예

(1) $\frac{2}{4}$

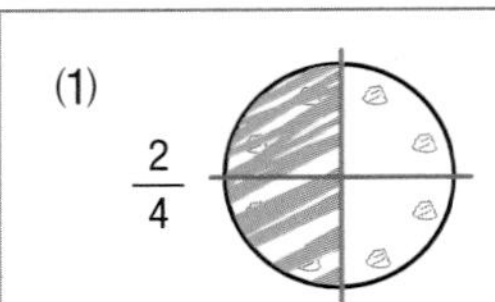

(2) $\frac{1}{3}$　　(3) $\frac{3}{4}$

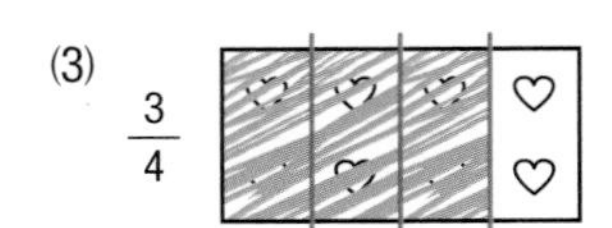

(4) $\frac{4}{5}$　　(5) $\frac{3}{4}$

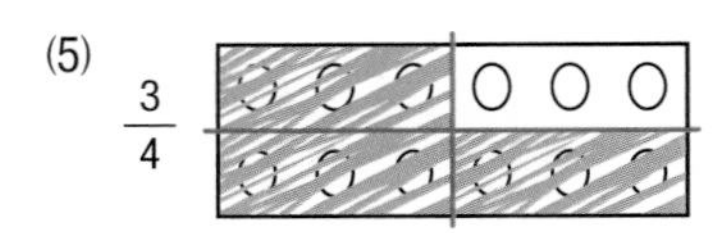

활동08 예

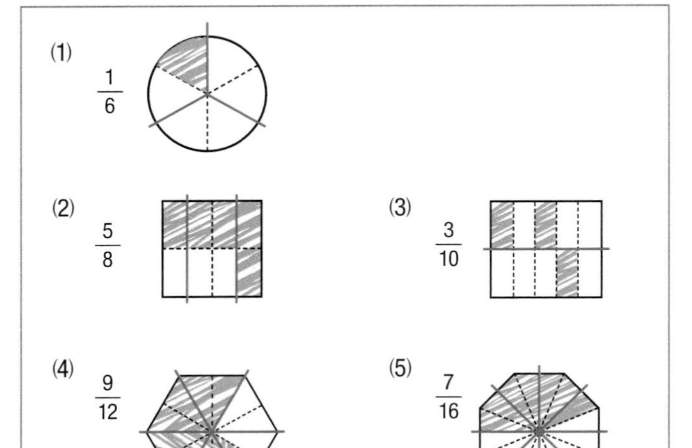

활동09 예

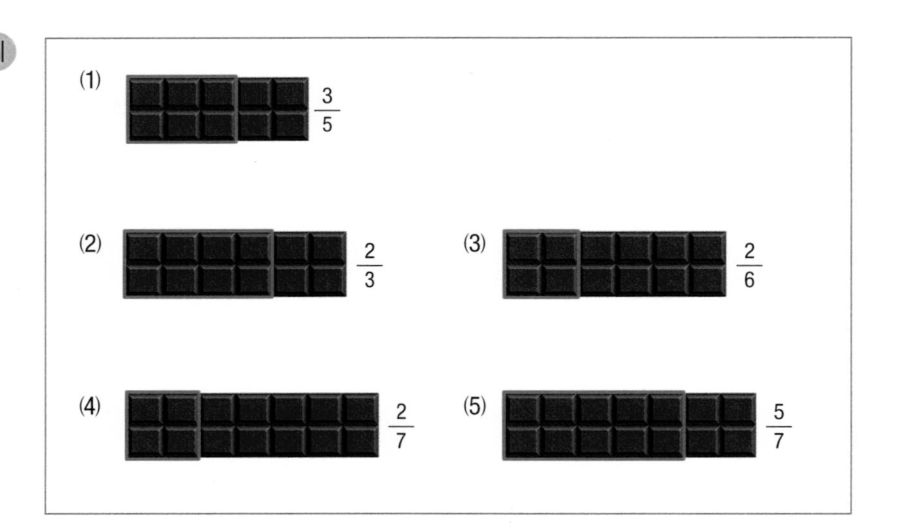

6 단계

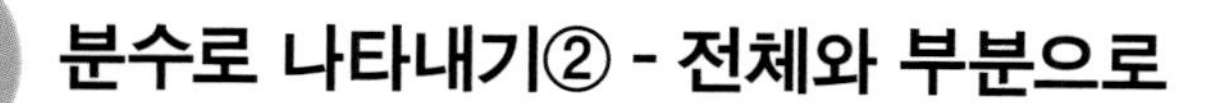

45쪽

활동01 $\frac{2}{3}, \frac{1}{3}, \frac{3}{4}, \frac{1}{4}, \frac{5}{8}, \frac{3}{8}$

활동02 $\frac{2}{6}, \frac{2}{4}, \frac{2}{4}, \frac{6}{9}, \frac{3}{9}, \frac{3}{6}, \frac{3}{6}, \frac{5}{8}, \frac{3}{8}, \frac{7}{9}, \frac{2}{9}$

활동03 예

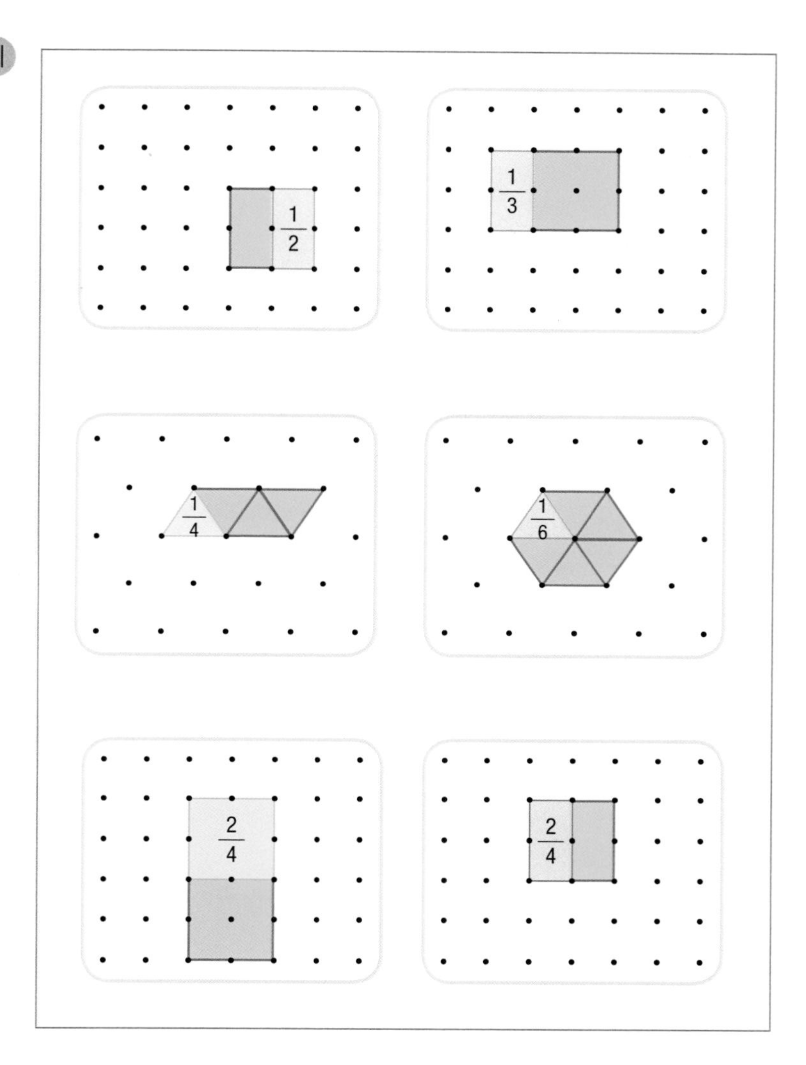

활동04

활동05

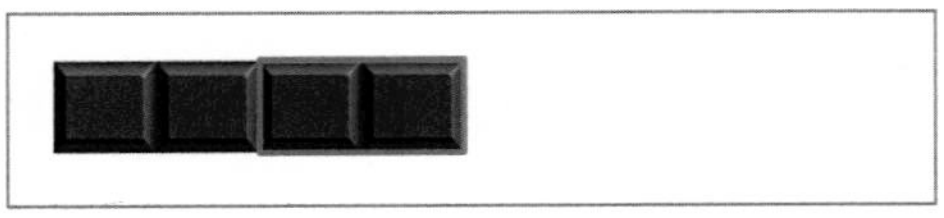

활동06

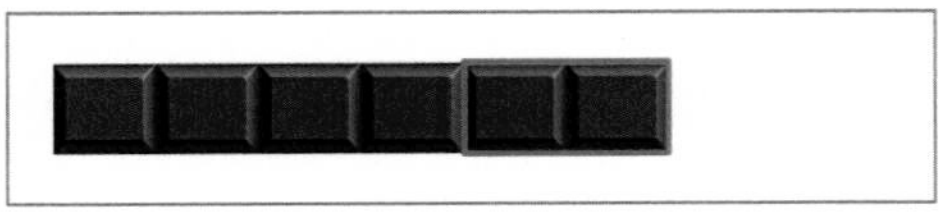

활동07

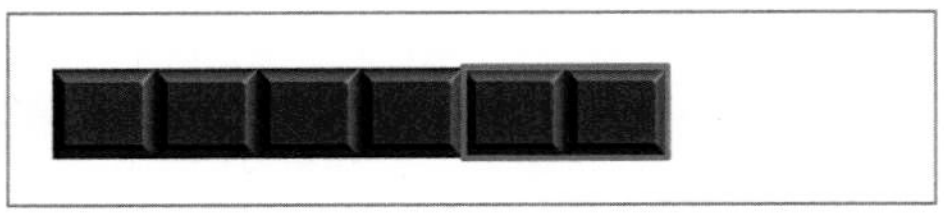

활동08

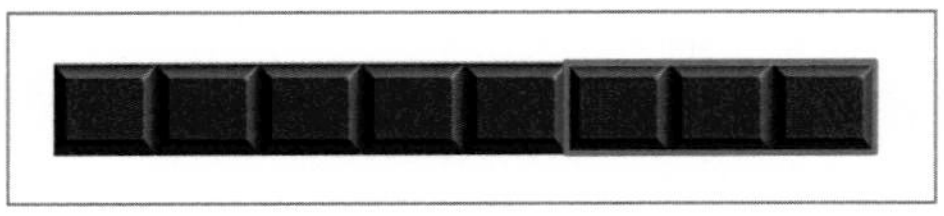

활동09

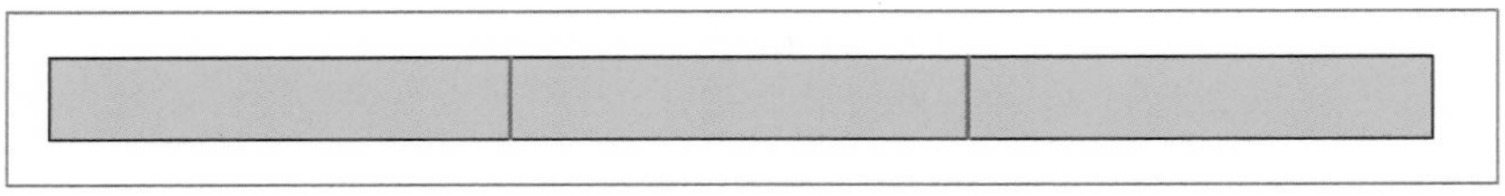

활동10

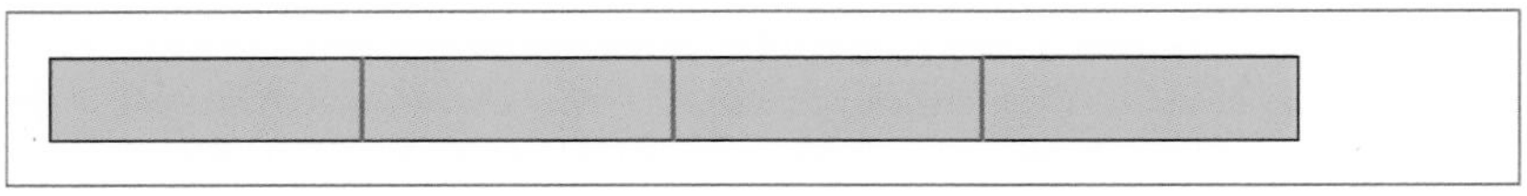

활동11

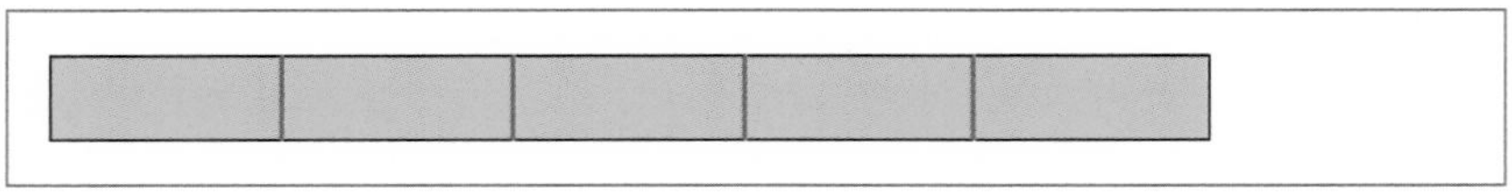

활동12

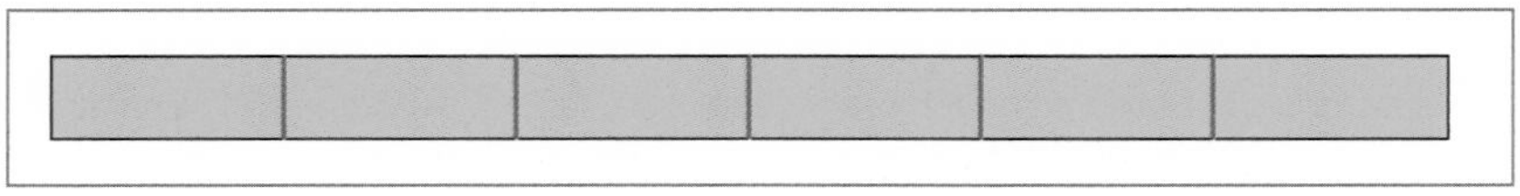

활동13

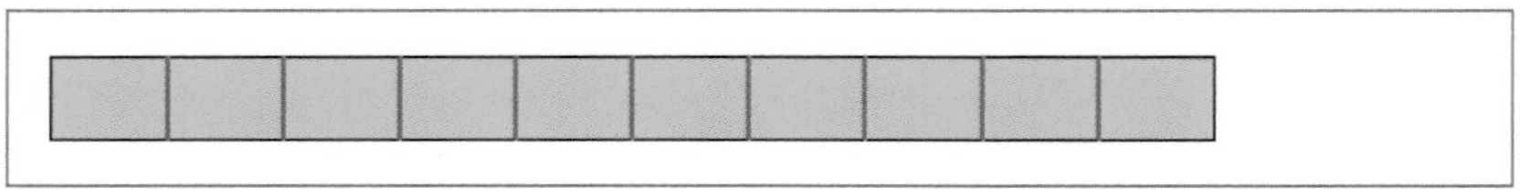

5~6단계 활동 다지기

51쪽

문제01 

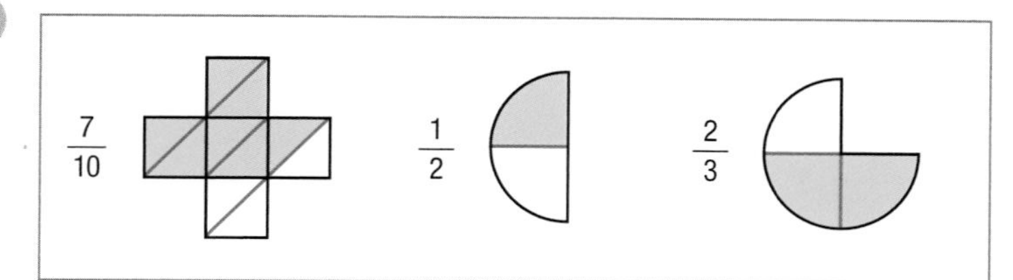

문제02 예

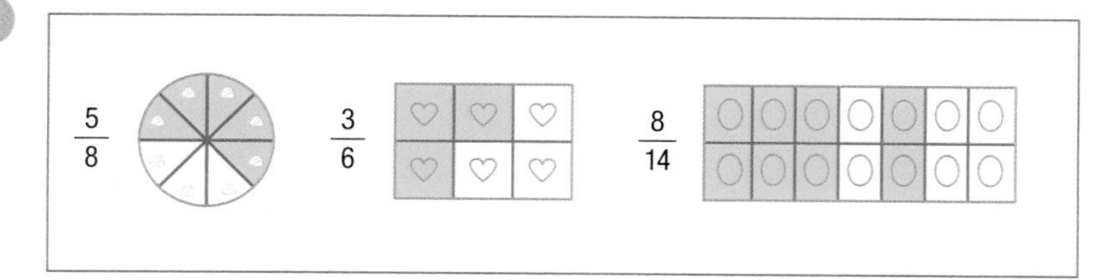

문제03 예

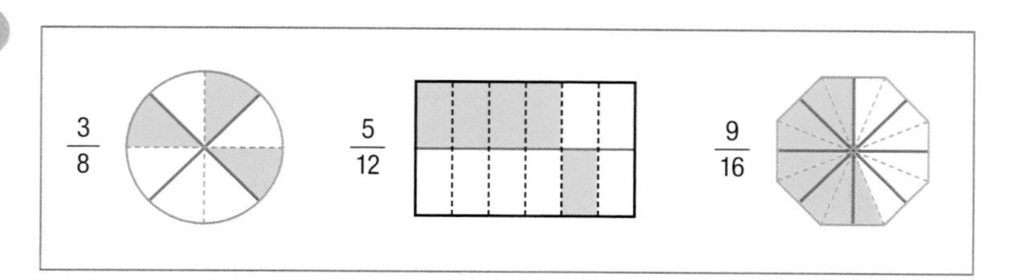

문제04 예

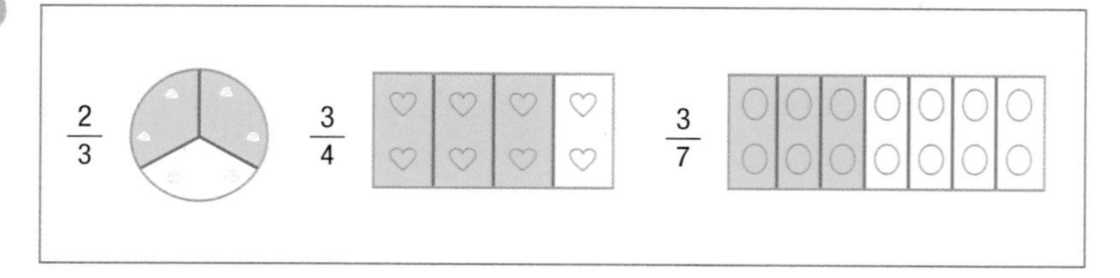

문제05 $\frac{3}{8}, \frac{5}{8}, \frac{4}{6}, \frac{2}{6}, \frac{5}{8}, \frac{3}{8}$

문제06 예

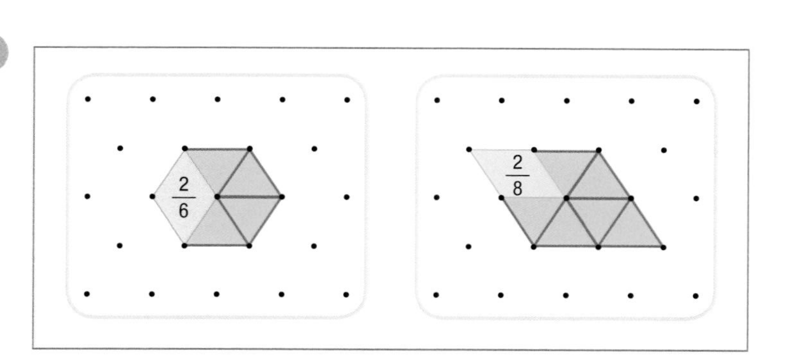

문제07

문제08

8단계 분수로 나타내기③ - 분자가 1인 분수로

55쪽

활동01 (1) $\frac{2}{10}$ (2) $\frac{5}{10}$ (3) $\frac{9}{10}$ (4) $\frac{10}{10}$

활동02 (1) $\frac{3}{8}$ (2) $\frac{6}{8}$ (3) $\frac{7}{8}$ (4) $\frac{8}{8}$

활동03 (1) $\frac{2}{5}$ (2) $\frac{3}{5}$ (3) $\frac{4}{5}$ (4) $\frac{5}{5}$

활동04 (1) $\frac{2}{4}$ (2) $\frac{3}{4}$ (3) $\frac{4}{4}$

활동05 (1) $\frac{2}{3}$ (2) $\frac{3}{3}$

활동06 (1) $\frac{2}{4}$ (2) $\frac{3}{4}$ (3) $\frac{4}{4}$

활동07 (1) $\frac{2}{5}$ (2) $\frac{3}{5}$ (3) $\frac{5}{5}$

활동08 (1) $\frac{4}{6}$ (2) $\frac{5}{6}$ (3) $\frac{6}{6}$

활동09 (1) $\frac{3}{8}$ (2) $\frac{5}{8}$ (3) $\frac{8}{8}$

활동10 (1) $\frac{3}{10}$ (2) $\frac{5}{10}$ (3) $\frac{10}{10}$

활동11 (1) 6, $\frac{1}{10}$, 6, $\frac{6}{10}$ (2) 7, $\frac{1}{10}$, 7, $\frac{7}{10}$ (3) 8, $\frac{1}{10}$, 8, $\frac{8}{10}$

(4) 9, $\frac{1}{10}$, 9, $\frac{9}{10}$ (5) 10, $\frac{1}{10}$, 10, $\frac{10}{10}$

활동12 (1) 4, $\frac{1}{8}$, 4, $\frac{4}{8}$ (2) 5, $\frac{1}{8}$, 5, $\frac{5}{8}$ (3) 6, $\frac{1}{8}$, 6, $\frac{6}{8}$

(4) 7, $\frac{1}{8}$, 7, $\frac{7}{8}$ (5) 8, $\frac{1}{8}$, 8, $\frac{8}{8}$

활동13 (1) 1, $\frac{1}{5}$, 1, $\frac{1}{5}$ (2) 3, $\frac{1}{5}$, 3, $\frac{3}{5}$ (3) 4, $\frac{1}{5}$, 4, $\frac{4}{5}$

(4) 5, $\frac{1}{5}$, 5, $\frac{5}{5}$

활동14 (1) 2, $\frac{1}{4}$, 2, $\frac{2}{4}$ (2) 3, $\frac{1}{4}$, 3, $\frac{3}{4}$ (3) 4, $\frac{1}{4}$, 4, $\frac{4}{4}$

활동15 (1) $\frac{1}{5}$, 3, $\frac{3}{5}$ (2) $\frac{1}{7}$, 4, $\frac{4}{7}$ (3) $\frac{1}{3}$, 2, $\frac{2}{3}$ (4) $\frac{1}{9}$, 7, $\frac{7}{9}$

활동16 (1) $\frac{1}{4}$, 3, $\frac{3}{4}$ (2) $\frac{1}{8}$, 5, $\frac{5}{8}$ (3) $\frac{1}{10}$, 8, $\frac{8}{10}$ (4) $\frac{1}{9}$, 7, $\frac{7}{9}$

(5) $\frac{1}{10}$, 7, $\frac{7}{10}$

활동17 (1) $\frac{1}{4}$, 3, $\frac{3}{4}$ (2) $\frac{1}{8}$, 5, $\frac{5}{8}$ (3) $\frac{1}{10}$, 1, $\frac{10}{10}$ (4) $\frac{1}{6}$, 5, $\frac{5}{6}$

(5) $\frac{1}{7}$, 5, $\frac{5}{7}$

분수로 나타내기④ - 분자가 1인 분수로

69쪽

활동01 (1) $\frac{2}{5}$ (2) $\frac{3}{7}$ (3) $\frac{1}{3}$ (4) $\frac{2}{9}$

활동02 (1) 6, 6, $\frac{6}{8}$ (2) 4, 4, $\frac{4}{8}$ (3) 3, 3, $\frac{3}{8}$ (4) 2, 2, $\frac{2}{8}$

활동03 (1) 3, $\frac{1}{3}$ (2) 4, $\frac{1}{4}$ (3) 5, $\frac{1}{5}$ (4) 6, $\frac{1}{6}$

활동04 (1) 4, $\frac{1}{4}$ (2) 4, $\frac{1}{4}$ (3) 5, $\frac{1}{5}$ (4) 6, $\frac{1}{6}$ (5) 8, $\frac{1}{8}$

10 단계

8~9단계 활동 다지기

75쪽

문제01 $\frac{1}{6}$, 4, $\frac{4}{6}$

문제02 (1) $\frac{1}{6}$, 3, $\frac{3}{6}$ (2) $\frac{1}{6}$, 4, $\frac{4}{6}$ (3) $\frac{1}{9}$, 9, $\frac{9}{9}$

문제03 $\frac{2}{6}$

문제04 (1) 7, 7, $\frac{7}{10}$ (2) 3, 3, $\frac{3}{5}$ (3) 3, 3, $\frac{3}{4}$

문제05 (1) 10, $\frac{1}{10}$ (2) 5, $\frac{1}{5}$ (3) 8, $\frac{1}{8}$

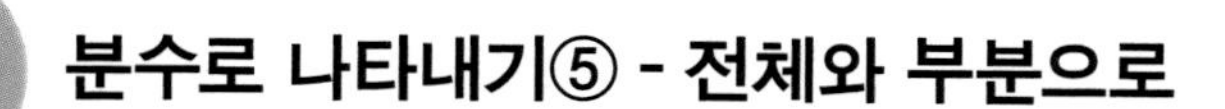

11단계 분수로 나타내기⑤ - 전체와 부분으로

79쪽

활동01 (1) $\frac{3}{6}$ (2) $\frac{4}{12}$ (3) $\frac{3}{8}$ (4) $\frac{3}{6}$ (5) $\frac{3}{7}$

활동02 예

(1) $\frac{2}{6}$

(2) $\frac{4}{9}$

(3) $\frac{3}{10}$

(4) $\frac{5}{12}$

(5) $\frac{7}{30}$

(6) $\frac{11}{30}$

활동03 예

(1) $\frac{3}{8}$

8개의 도장을 찍어 제시하시면 커피 음료 1잔을 무료제공해드립니다.

(2) $\frac{5}{8}$

8개의 도장을 찍어 제시하시면 커피 음료 1잔을 무료제공해드립니다.

(3) $\frac{7}{8}$

8개의 도장을 찍어 제시하시면 커피 음료 1잔을 무료제공해드립니다.

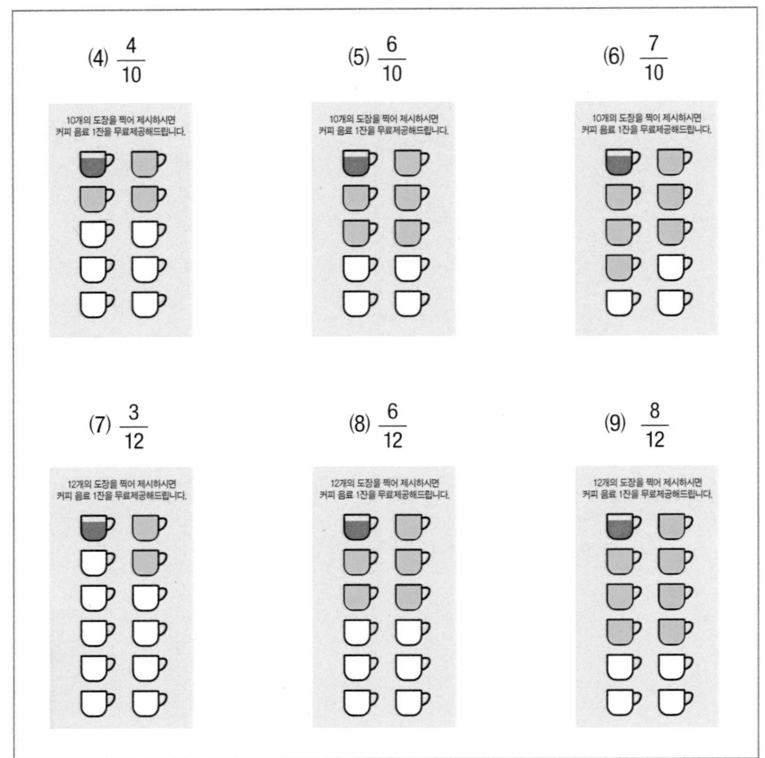
(4) 4/10
(5) 6/10
(6) 7/10
10개의 도장을 찍어 제시하시면 커피 음료 1잔을 무료제공해드립니다.
(7) 3/12
(8) 6/12
(9) 8/12
12개의 도장을 찍어 제시하시면 커피 음료 1잔을 무료제공해드립니다.

활동04 예

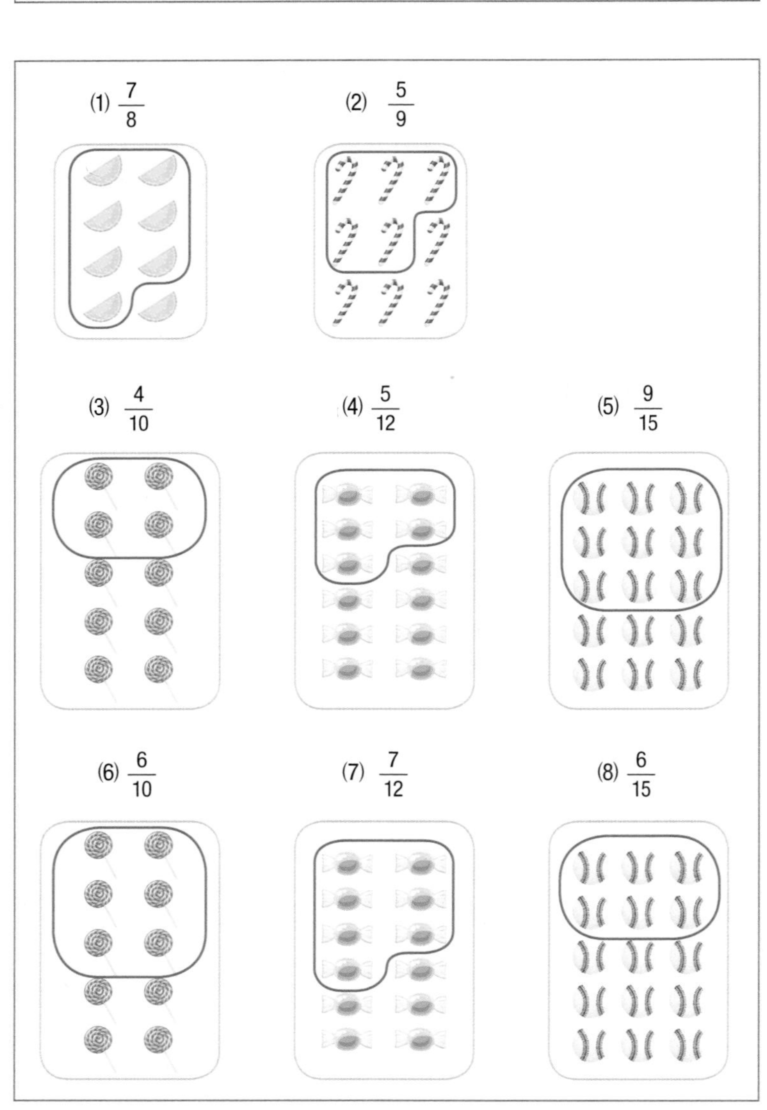
(1) 7/8
(2) 5/9
(3) 4/10
(4) 5/12
(5) 9/15
(6) 6/10
(7) 7/12
(8) 6/15

활동05 (1) $\frac{4}{8}$, $\frac{4}{8}$ (2) $\frac{4}{12}$, $\frac{8}{12}$ (3) $\frac{3}{10}$, $\frac{7}{10}$

활동06 (1) 1 (2) 3 (3) 1 (4) 2 (5) 3

12단계 분수로 나타내기⑥ - 전체와 부분으로

87쪽

활동01

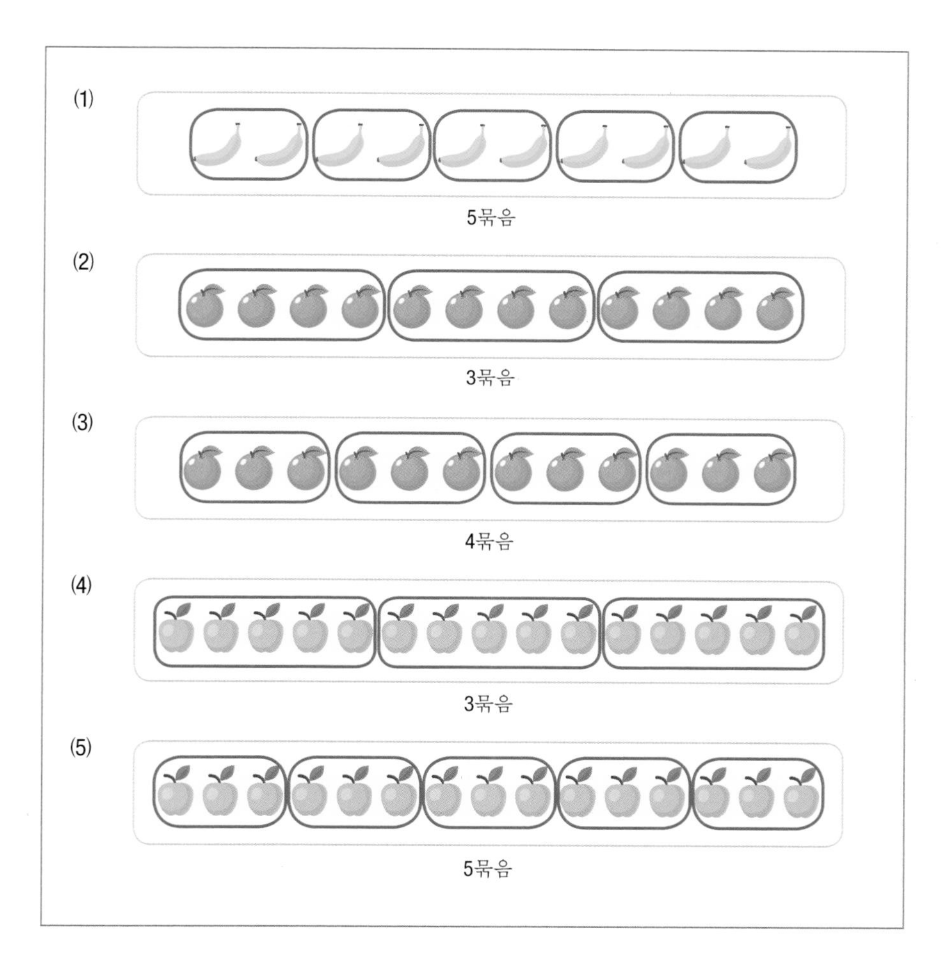

활동02 (1) 2 (2) 7, 3 (3) 7, 5 (4) 9, 3 (5) 9, 6

활동03 (1) 2 (2) 5 (3) 2 (4) 7

활동04 (1) 5, 5 (2) 2, 2 (3) 7, 7 (4) 2, 2

활동05 (1) 9, 2, 2 (2) 6, 3, 3 (3) 3, 6, 6 (4) 2, 9, 9

활동06 2, 1, 1, 4, 2, 2, 6, 3, 3, 8, 4, 4, 10, 5, 5, 12, 6, 6

활동07 예

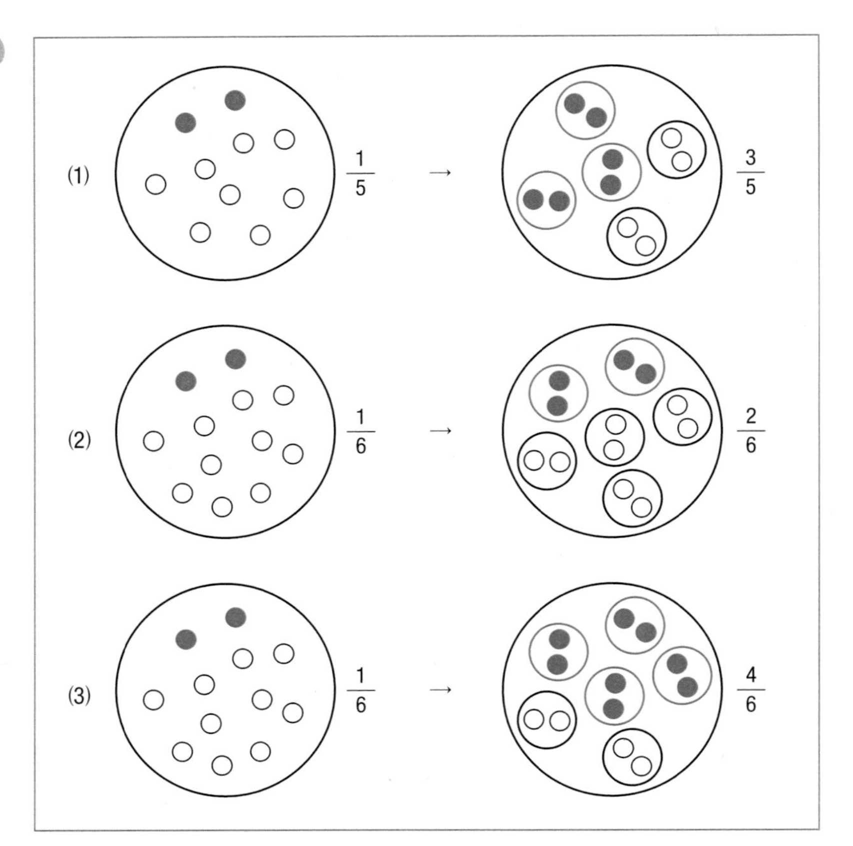

활동08 예

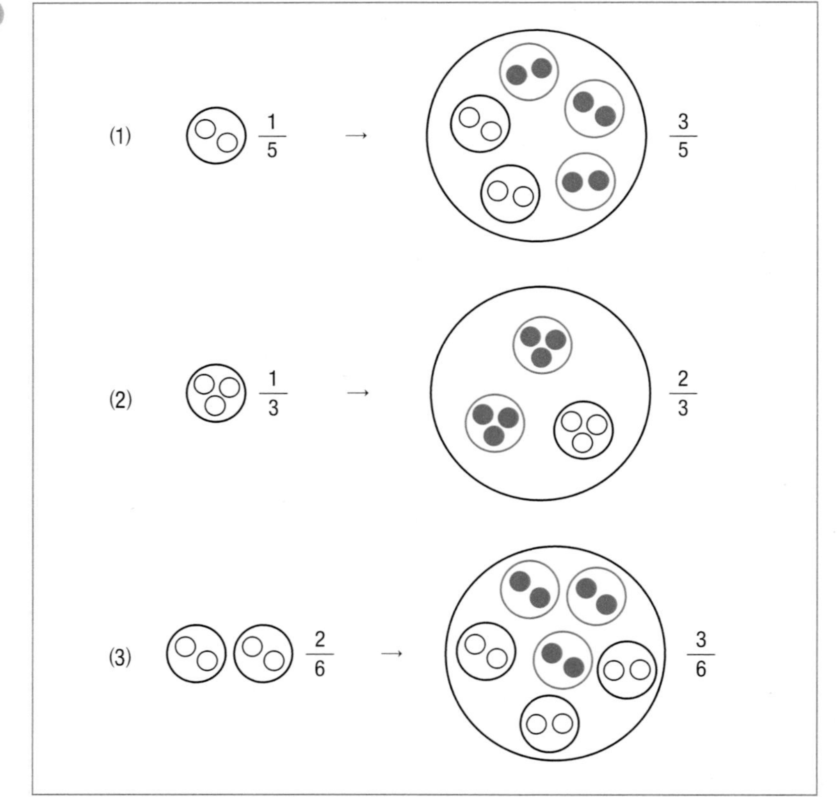

13단계 11~12단계 활동 다지기

97쪽

문제01 (1) $\frac{4}{9}$, $\frac{5}{9}$ (2) $\frac{9}{12}$, $\frac{3}{12}$

문제02 (1) 2 (2) 1 (3) 2

문제03 예

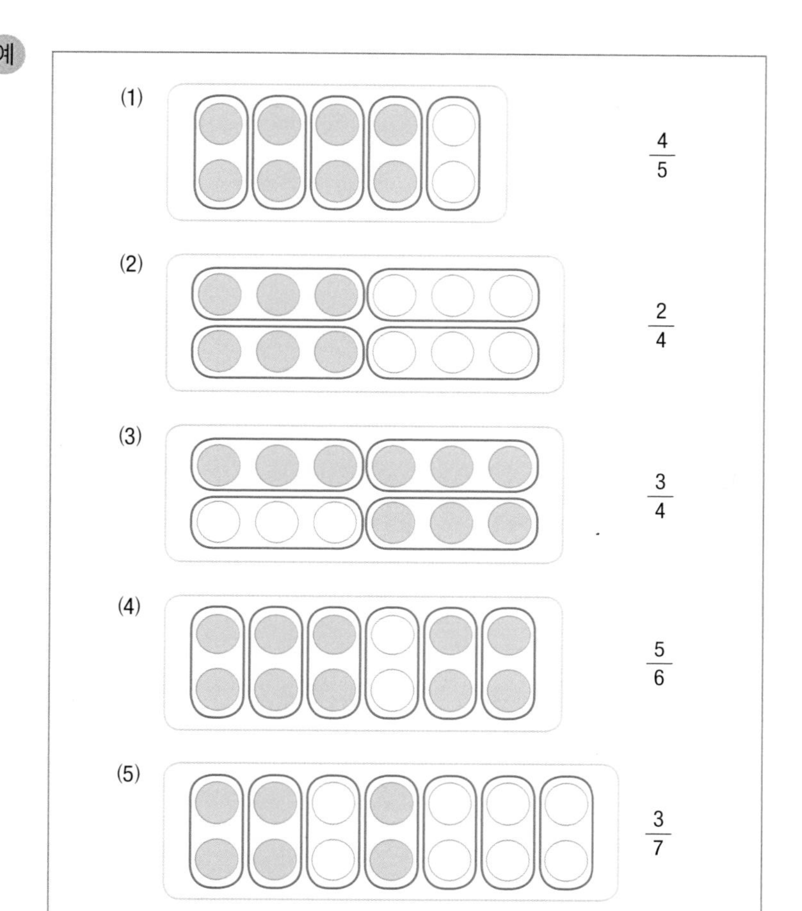

문제04 (1) 9, 3, 3 (2) 15, 5, 5 (3) 24, 8, 8

문제05 예

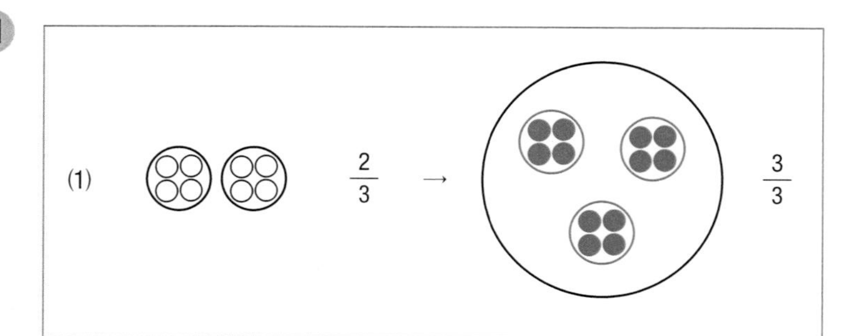

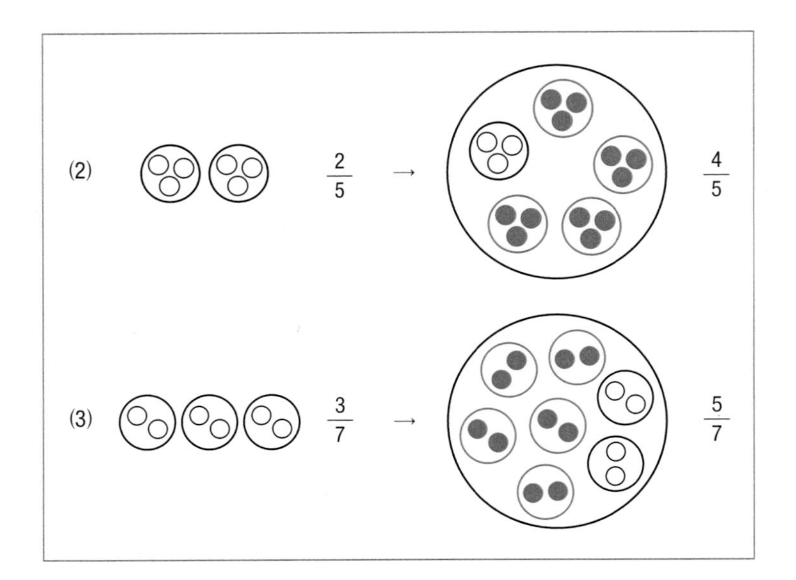

14단계 분수 배만큼은 얼마일까요①

105쪽

활동01 예

(1) 1배만큼 색칠하기

(2) 3배만큼 색칠하기

(3) 4배만큼 색칠하기

(4) 5배만큼 색칠하기

(5) 6배만큼 색칠하기

질문 콕!

예 양이 2배, 3배, 4배, 5배 커집니다.

활동02 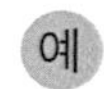

(1) $\frac{2}{3}$배 표시하기

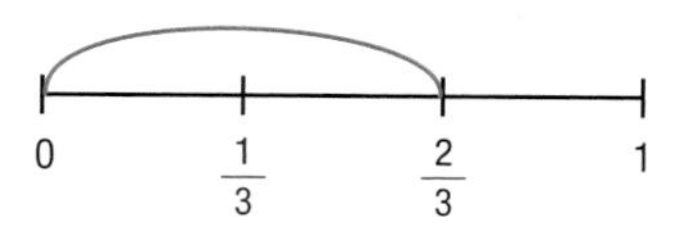

(2) $\frac{1}{4}$배 표시하기

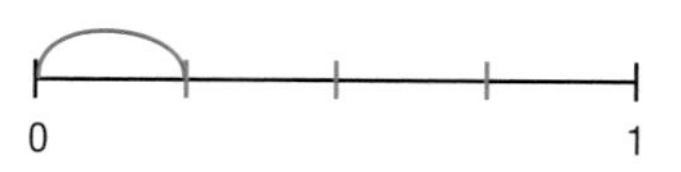

(3) $\frac{3}{4}$배 표시하기

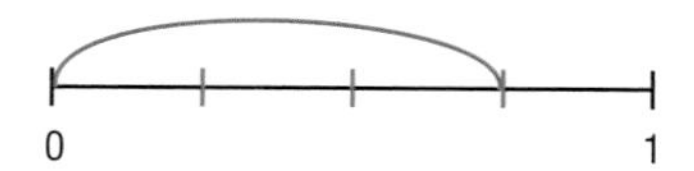

(4) $\frac{2}{6}$배 표시하기

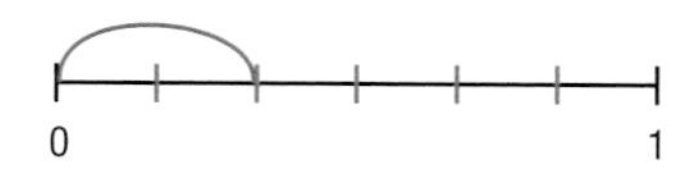

(5) $\frac{6}{6}$배 표시하기

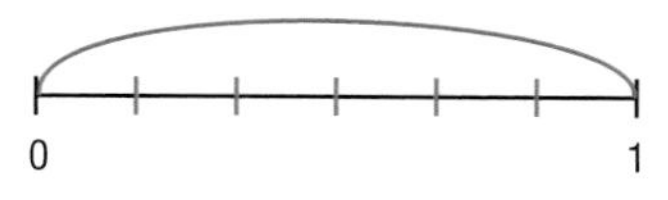

질문 콕!

예 양이 $\frac{1}{2}$배, $\frac{1}{3}$배, $\frac{1}{4}$배, $\frac{1}{5}$배 작아집니다.

활동03

(1) 1배 그리기

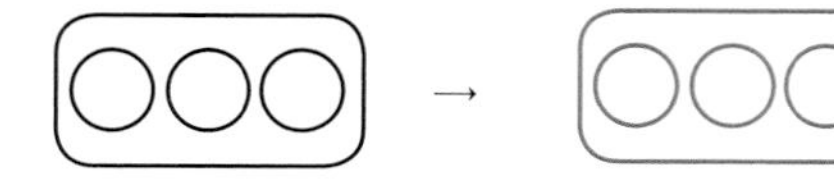

(2) 2배 그리기

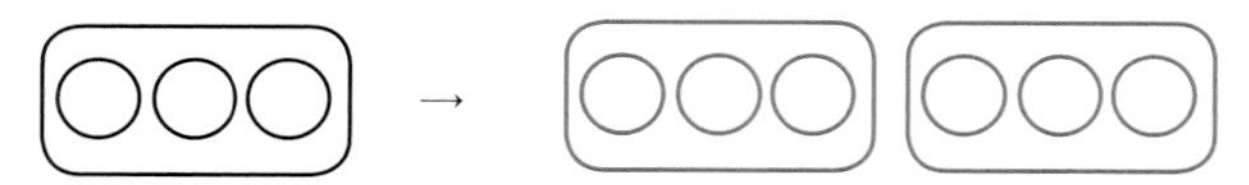

(3) 3배 그리기

(4) 4배 그리기

(5) 5배 그리기

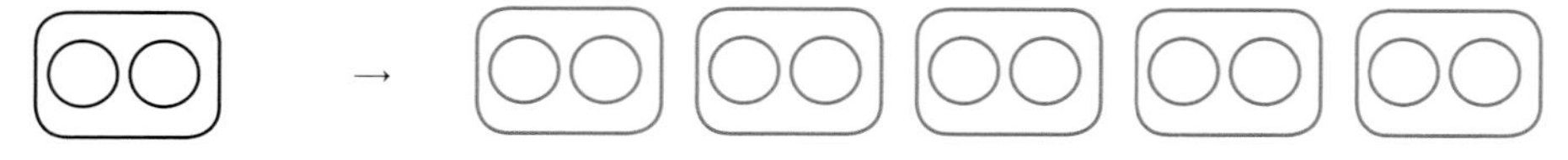

활동04 예

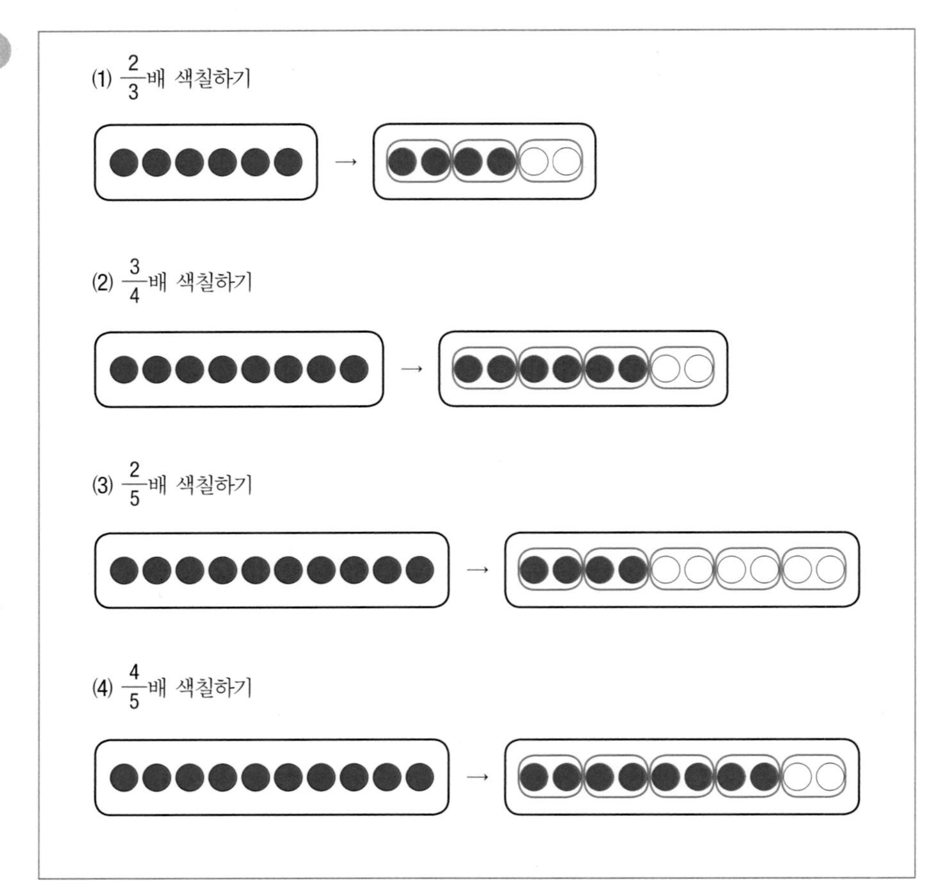

15단계 분수 배만큼은 얼마일까요②

111쪽

활동01 (1) 2, 2 (2) 2, 4 (3) 4, 2, 4 (4) 2, 6, 2 (5) 2, 6, 8

활동02 3, 6, 9

활동03 4, 8, 12, 16

활동04 4, 8, 12, 16, 20, 24

활동05 (1) 3 (2) 2, 4 (3) 2, 6 (4) 3, 6 (5) 5, 10

활동06 (1) 4 (2) 6 (3) 8 (4) 12 (5) 12

활동07 (1) 2, $\frac{1}{2}$, $\frac{2}{2}$ (2) $\frac{1}{4}$, $\frac{2}{4}$, $\frac{3}{4}$, $\frac{4}{4}$

(3) $\frac{1}{8}$, $\frac{2}{8}$, $\frac{3}{8}$, $\frac{4}{8}$, $\frac{5}{8}$, $\frac{6}{8}$, $\frac{7}{8}$, $\frac{8}{8}$ (4) 2, $\frac{1}{2}$, $\frac{2}{2}$

(5) 3, $\frac{1}{3}$, $\frac{2}{3}$, $\frac{3}{3}$ (6) 9, $\frac{1}{9}$, $\frac{2}{9}$, $\frac{3}{9}$, $\frac{4}{9}$, $\frac{5}{9}$, $\frac{6}{9}$, $\frac{7}{9}$, $\frac{8}{9}$, $\frac{9}{9}$

활동08 (1) 8 (2) 9 (3) 10 (4) 12

활동09 (1) 12 (2) 24 (3) 10 (4) 25

16단계 14~15단계 활동 다지기

121쪽

문제01 예

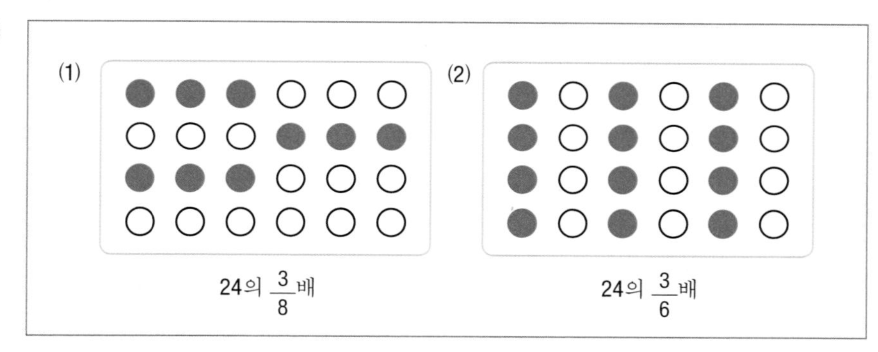

문제02 (1) $\frac{3}{4}$ (2) $\frac{5}{8}$ (3) $\frac{3}{4}$

문제03 (1) $\frac{5}{8}$ (2) $\frac{3}{6}$ (3) $\frac{5}{6}$ (4) $\frac{3}{4}$

문제04 (1) 1, 2 (2) 7, 4 (3) 6, 12

문제05 40, 45, 50

문제06 (1) 10 (2) 14 (3) 6 (4) 9 (5) 6

문제07 (1) 8 (2) 5 (3) 5 (4) 7 (5) 2

17단계 분수의 종류 - 진분수, 가분수, 대분수

127쪽

활동01 $\frac{7}{7}, \frac{11}{7}, \frac{13}{7}, \frac{14}{7}, \frac{1}{7}, \frac{3}{7}, \frac{5}{7}$

(1) $\frac{1}{7}, \frac{3}{7}, \frac{5}{7}$ (2) $\frac{11}{7}, \frac{13}{7}, \frac{14}{7}$ (3) $\frac{7}{7}$

활동02 $\frac{5}{5}, \frac{6}{5}, \frac{7}{5}, \frac{8}{5}, \frac{9}{5}, \frac{10}{5}, \frac{11}{5}, \frac{1}{5}, \frac{2}{5}, \frac{3}{5}, \frac{4}{5}$

(1) 4개 (2) 7개 (3) $\frac{5}{5}$ (4) $\frac{10}{5}$

활동03 (1) $\frac{5}{6}, \frac{1}{6}, \frac{2}{6}$ (2) $\frac{9}{6}, \frac{12}{6}, \frac{6}{6}, \frac{13}{6}$

활동04 (1) $\frac{1}{4}$, 4, $\frac{4}{4}$, 1 (2) $\frac{1}{5}$, 5, $\frac{5}{5}$, 1 (3) $\frac{1}{6}$, 6, $\frac{6}{6}$, 1

(4) $\frac{1}{8}$, 8, $\frac{8}{8}$, 1 (5) $\frac{1}{10}$, 10, $\frac{10}{10}$, 1

활동05 (1) $\frac{1}{3}$, 5, $\frac{5}{3}$ (2) $\frac{1}{3}$, 6, $\frac{6}{3}$ (3) $\frac{1}{3}$, 7, $\frac{7}{3}$ (4) $\frac{1}{3}$, 8, $\frac{8}{3}$

활동06 (1) $\frac{1}{5}$, 9, $\frac{9}{5}$ (2) $\frac{1}{10}$, 13, $\frac{13}{10}$ (3) $\frac{1}{3}$, 8, $\frac{8}{3}$ (4) $\frac{1}{4}$, 13, $\frac{13}{4}$

활동07 (1) 4, 6, 8, 10 (2) 3, 6, 9, 12, 15 (3) $\frac{4}{4}, \frac{8}{4}, \frac{12}{4}, \frac{16}{4}, \frac{20}{4}$

(4) $\frac{5}{5}, \frac{10}{5}, \frac{15}{5}, \frac{20}{5}, \frac{25}{5}$ (5) $\frac{6}{6}, \frac{12}{6}, \frac{18}{6}, \frac{24}{6}, \frac{30}{6}$

활동08 (1) 3, 3 (2) 4, 4 (3) 6, 6 (4) 2, 2 (5) 5, 5

활동14 예

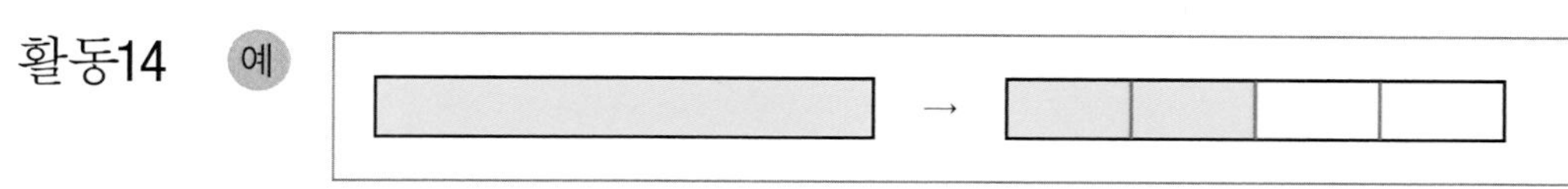

활동15 예

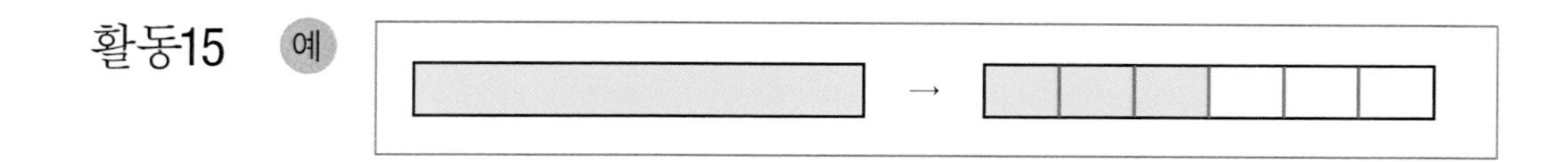

활동16 예

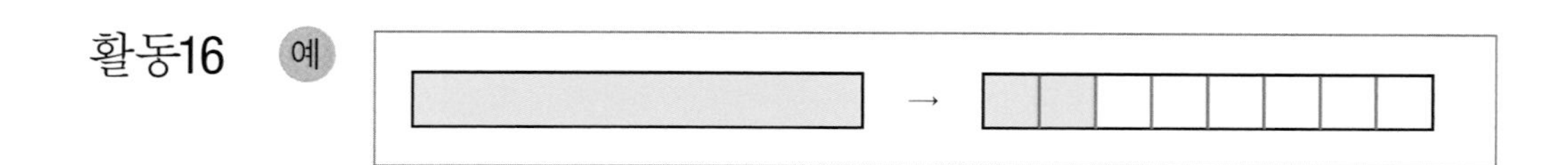

활동17 예

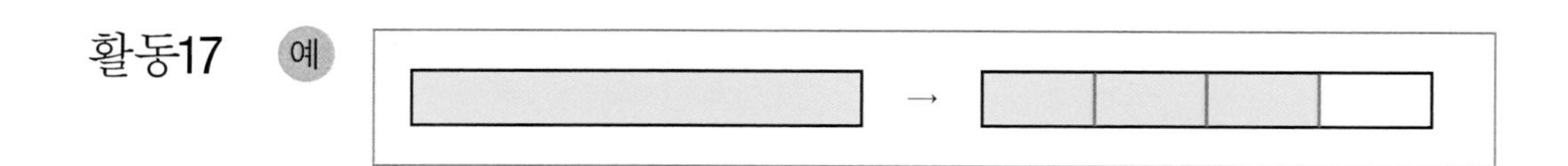

활동18 예

활동19 (1) $2\frac{1}{4}$ (2) $4\frac{3}{4}$ (3) $2\frac{1}{4}$ (4) $2\frac{2}{3}$

활동20 (1) $2\frac{7}{8}$ (2) $3\frac{5}{7}$ (3) $2\frac{2}{5}$ (4) $3\frac{3}{8}$ (5) $4\frac{6}{7}$

활동21 (1) $2\frac{2}{4}$ (2) $3\frac{1}{3}$ (3) $2\frac{2}{5}$

활동22 (1) $\frac{2}{2}$, $\frac{2}{2}$, $\frac{2}{2}$ (2) $1\frac{5}{5}$, $2\frac{5}{5}$, $3\frac{5}{5}$, $4\frac{5}{5}$

(3) $1\frac{4}{4}$, $2\frac{4}{4}$, $3\frac{4}{4}$, $4\frac{4}{4}$

활동23 (1) $1\frac{3}{5}$ (2) $2\frac{2}{6}$ (3) $2\frac{2}{9}$ (4) $2\frac{3}{7}$

활동24 (1) $\frac{11}{6}$ (2) $\frac{13}{5}$ (3) $\frac{14}{6}$ (4) $\frac{19}{8}$

18단계 17단계 활동 다지기

143쪽

문제01

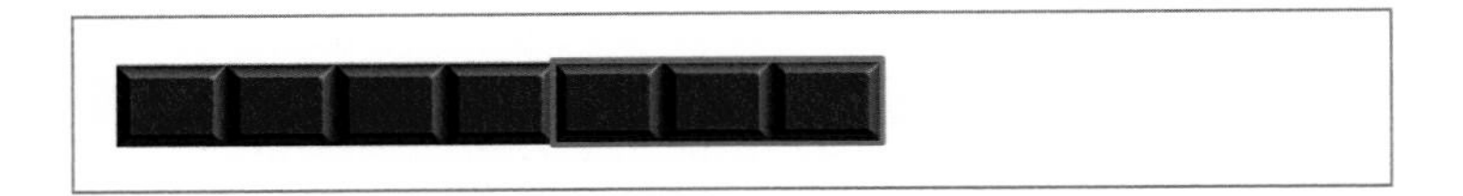

문제02 예

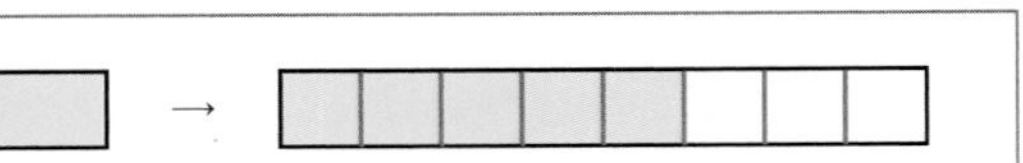

문제03 (1) $\frac{7}{2}$, $3\frac{1}{2}$ (2) $\frac{8}{3}$, $2\frac{2}{3}$ (3) $\frac{15}{4}$, $3\frac{3}{4}$ (4) $\frac{8}{3}$, $2\frac{2}{3}$

문제04 (1) $2\frac{1}{4}$ (2) $1\frac{5}{6}$ (3) $2\frac{6}{7}$ (4) $\frac{11}{4}$ (5) $\frac{12}{9}$ (6) $\frac{17}{5}$

문제05 $\frac{5}{2}$, $2\frac{1}{2}$ 문제06 $\frac{4}{3}$, $1\frac{1}{3}$ 문제07 $\frac{14}{6}$, $2\frac{2}{6}$

분수의 크기 비교 - 진분수, 가분수, 대분수, 단위분수

147쪽

활동01 (1) $\frac{5}{6}$

(2) $\frac{3}{6}$

(3) >

예 $\frac{5}{6}$는 $\frac{1}{6}$의 5배, $\frac{3}{6}$은 $\frac{1}{6}$의 3배이기 때문입니다.

활동02 ㉡

활동03 (1) < (2) > (3) < (4) <

활동04 (1) $\frac{2}{7}, \frac{4}{7}, \frac{6}{7}, \frac{2}{7}, \frac{4}{7}, \frac{6}{7}$ (2) $\frac{2}{8}, \frac{4}{8}, \frac{7}{8}, \frac{2}{8}, \frac{4}{8}, \frac{7}{8}$

(3) $\frac{2}{9}, \frac{5}{9}, \frac{7}{9}, \frac{2}{9}, \frac{5}{9}, \frac{7}{9}$

활동05 <, >, >

활동06 (1) 5배 (2) 7배 (3) <

예 $\frac{7}{4}$은 $\frac{1}{4}$의 7배, $\frac{5}{4}$는 $\frac{1}{4}$의 5배이기 때문입니다.

활동07 (1) $\frac{9}{5} > \frac{8}{5}$ (2) $\frac{22}{8} > \frac{19}{8}$ (3) $\frac{6}{4} > \frac{4}{4}$ (4) $\frac{13}{5} > \frac{11}{5}$

활동08 ㉡

활동09 ㉢

활동10 >, <, >

활동11 (1) $2\frac{5}{7} > 2\frac{2}{7}$ (2) $2\frac{1}{4} > 1\frac{2}{4}$ (3) $2\frac{3}{5} > 2\frac{1}{5}$

활동12 (1) $\frac{15}{6} = 2\frac{3}{6}$ (2) $2\frac{2}{9} = \frac{20}{6}$ (3) $\frac{15}{7} < 2\frac{3}{7}$

활동13 (1) 민수 가족 (2) 예주 가족 (3) 3, 4, 5 (4) 5, 4, 3

활동14 (1) 2배 (2) 3배 (3) 4배 (4) 5배 (5) 5, 4, 3, 2

활동15 (1) > (2) > (3) < (4) <

활동16 8, 4, 2

활동17 9, 6, 4, 3

예 $\frac{1}{5}$을 5배 하면 1이 되고, $\frac{1}{7}$은 7배 하면 1이 되기 때문입니다.

20단계 19단계 활동 다지기

161쪽

문제01 <, <, >, >, <, >, <, <, >, >, <, >

문제02 (1) 1, 2, 3 (2) 8, 9 (3) 1, 2 (4) 1, 2, 3

문제03 $\frac{1}{2}$

문제04 $\frac{1}{7}$

문제05 (1) 8, 9 (2) 1, 2, 3 (3) 9 (4) 1, 2, 3, 4, 5